"十三五"国家重点图书出版规划项目

中国特色畜禽遗传资源保护与利用丛书

大围子猪

彭英林　刘　奇　主编

中国农业出版社

北　京

图书在版编目（CIP）数据

大围子猪 / 彭英林，刘奇主编 . —北京：中国农业出版社，2020.1
（中国特色畜禽遗传资源保护与利用丛书）
国家出版基金项目
ISBN 978 - 7 - 109 - 26494 - 6

Ⅰ.①大… Ⅱ.①彭… ②刘… Ⅲ.①养猪学 Ⅳ.①S828

中国版本图书馆 CIP 数据核字（2020）第 022404 号

内容提要：本书详细介绍了我国地方优良猪种——大围子猪品种起源与形成过程、品种特征和性能、品种保护、品种繁育、营养需要与常用饲料、饲养管理技术、保健与疾疫病防控、养殖场建设与环境控制及开发利用与品牌建设等内容，具有较强的实用性和可操作性，可供大围子猪养殖场（户）和相关技术人员参考和借鉴。

中国农业出版社出版

地址：北京市朝阳区麦子店街 18 号楼
邮编：100125
责任编辑：周晓艳
版式设计：杨 婧　责任校对：刘丽香
印刷：北京通州皇家印刷厂
版次：2020 年 1 月第 1 版
印次：2020 年 1 月北京第 1 次印刷
发行：新华书店北京发行所
开本：720mm×960mm　1/16
印张：10.5　插页：2
字数：185 千字
定价：77.00 元

丛书编委会

主　　任	张延秋	王宗礼			
副 主 任	吴常信	黄路生	时建忠	孙好勤	赵立山
委　　员	（按姓氏笔画排序）				
	王宗礼	石　巍	田可川	芒　来	朱满兴
	刘长春	孙好勤	李发弟	李俊雅	杨　宁
	时建忠	吴常信	邹　奎	邹剑敏	张延秋
	张胜利	张桂香	陈瑶生	周晓鹏	赵立山
	姚新奎	郭永立	黄向阳	黄路生	颜景辰
	潘玉春	薛运波	魏海军		
执行委员	张桂香	黄向阳			

本书编写人员

主　编　彭英林　刘　奇

副主编　任慧波　饶树林　于福清

编　者（按姓氏笔画排序）

于福清　王育群　邓　缘　左建波　任慧波

刘　奇　杨　雄　张　星　罗文伟　金　宇

胡雄贵　饶树林　崔清明　彭英林　彭善珍

薛　明

审　稿　李学伟

我国是世界上畜禽遗传资源最为丰富的国家之一。多样化的地理生态环境、长期的自然选择和人工选育，造就了众多体型外貌各异、经济性状各具特色的畜禽遗传资源。入选《中国畜禽遗传资源志》的地方畜禽品种达 500 多个、自主培育品种达 100 多个，保护、利用好我国畜禽遗传资源是一项宏伟的事业。

国以农为本，农以种为先。习近平总书记高度重视种业的安全与发展问题，曾在多个场合反复强调，"要下决心把民族种业搞上去，抓紧培育具有自主知识产权的优良品种，从源头上保障国家粮食安全"。近年来，我国畜禽遗传资源保护与利用工作加快推进，成效斐然：完成了新中国成立以来第二次全国畜禽遗传资源调查；颁布实施了《中华人民共和国畜牧法》及配套规章；发布了国家级、省级畜禽遗传资源保护名录；资源保护条件能力建设不断提升，支持建设了一大批保种场、保护区和基因库；种质创制推陈出新，培育出一批生产性能优越、市场广泛认可的畜禽新品种和配套系，取得了显著的经济效益和社会效益，为畜牧业发展和农牧民脱贫增收作出了重要贡献。然而，目前我国系统、全面地介绍单一地方畜禽遗传资源的出版物极少，这与我国作为世界畜禽遗传资源大国的地位极不相称，不利于优良地方畜禽遗传资源的合理保护和科学开发利用，也不利于加快推进现代畜禽种业建设。

为普及对畜禽遗传资源保护与开发利用的技术指导，助力做大做强优势特色畜牧产业，抢占种质科技的战略制高点，在农业农村部种业管理司领导下，由全国畜牧总站策划、中国农业出版社出版了这套"中国特色畜禽遗传资源保护与利用丛书"。该丛书立足于全国畜禽遗传资源保护与利用工作的宏观布局，组织以国家畜禽遗传资源委员会专家、各地方畜禽品种保护与利用从业专家为主体的作者队伍，以每个畜禽品种作为独立分册，收集汇编了各品种在管、产、学、研、用等相关行业中积累形成的数据和资料，集中展现了畜禽遗传资源领域最新的科技知识、实践经验、技术进展与成果。该丛书覆盖面广、内容丰富、权威性高、实用性强，既可为加强畜禽遗传资源保护、促进资源开发利用、制定产业发展相关规划等提供科学依据，也可作为广大畜牧从业者、科研教学工作者的作业指导书和参考工具书，学术与实用价值兼备。

丛书编委会

2019 年 12 月

序言

　　我国是世界畜禽遗传资源大国，具有数量众多、各具特色的畜禽遗传资源。这些丰富的畜禽遗传资源是畜禽育种事业和畜牧业持续健康发展的物质基础，是国家食物安全和经济产业安全的重要保障。

　　随着经济社会的发展，人们对畜禽遗传资源认识的深入，特色畜禽遗传资源的保护与开发利用日益受到国家重视和全社会关注。切实做好畜禽遗传资源保护与利用，进一步发挥我国特色畜禽遗传资源在育种事业和畜牧业生产中的作用，还需要科学系统的技术支持。

　　"中国特色畜禽遗传资源保护与利用丛书"是一套系统总结、翔实阐述我国优良畜禽遗传资源的科技著作。丛书选取一批特性突出、研究深入、开发成效明显、对促进地方经济发展意义重大的地方畜禽品种和自主培育品种，以每个品种作为独立分册，系统全面地介绍了品种的历史渊源、特征特性、保种选育、营养需要、饲养管理、疫病防治、利用开发、品牌建设等内容，有些品种还附录了相关标准与技术规范、产业化开发模式等资料。丛书可为大专院校、科研单位和畜牧从业者提供有益学习和参考，对于进一步加强畜禽遗传资源保护，促进资源可持续利用，加快现代畜禽种业建设，助力特色畜牧业发展等都具有重要价值。

中国科学院院士
中国农业大学教授 吴常信

2019 年 12 月

我国地方猪种具有繁殖力强、肉质鲜嫩、适应性强、杂交效果好、抗逆性强等优良特性，在改良国外猪种和发展优质猪肉的生产中具有不可替代的作用，是世界猪种基因库中的宝贵资源。

随着社会经济的快速发展和生活水平的提升，人们对猪肉产品的质量要求也在不断提高，我国地方猪种越来越为人们所认识，地方猪的养殖进入了规模化、标准化和规范化的快速发展阶段。

大围子猪是湖南省优良地方猪种之一，因产地长沙市大托、南托两个地域在历史上通称大围子而得名，具有遗传性能稳定、繁殖力强、母性好、耐粗饲、早熟、易肥、肉质细嫩、杂交配合力强、抗逆性强等优良特性，1981 年被载入国家级家畜基因库，1984 年被列入《湖南省家畜家禽品种志和品种图谱》，1987 年被载入《中国猪品种志》，2011 年被列入《中国畜禽遗传资源志·猪志》和《中国地方名猪研究集锦》，2014 年被列入国家畜禽遗传资源保护品种名录。

自 20 世纪 70 年代末以来，随着长沙市瘦肉型猪养殖的兴起，以及外来良种公猪的引进和杂交肉猪生产的发展，大围子猪的养殖数量急剧下降。2006 年，长沙县大围子猪母猪的存栏量仅有 6 000 多头。如此急速下降趋势，给大围子猪的保种工作带来了很大困难。为了使这一优良地方猪种能够延续下去，自 2003 年开始，在长沙县建立了大围子猪保种登记制度，同时制定保种方案和计划，大围子猪的保种工作才有了转机。

作为"中国特色畜禽遗传资源保护与利用丛书"的分册，本书全面、系统地介绍了大围子猪品种起源、品种特征、品种保护、营养需要、饲养管理、疫病防控及开发利用等，具有较强的实用性和可操作性。

本书写作团队是长期从事大围子猪研发、生产、管理和推广的科技人员，在编写过程中，我们尽力全面再现大围子猪这一优秀猪种资源的历史、演变和发展，但由于水平有限，书中难免有不妥之处，恳请各位同行、专家和广大读者批评指正。

编 者

2019 年 12 月

目　录

第一章
大围子猪品种起源与形成过程

第一节　大围子猪产区自然生态条件

大围子猪是湖南省优良地方猪种之一，因原产地长沙市大托、南托两个地域在历史上通称大围子而得名。中心产区为大托镇的新港村、桂井村、大托村、兴隆村，以及暮云镇的三兴村、南托村、杨桥村、洋塘村等，现主要分布于长沙县双江、金井等北部 9 个乡镇。

一、地理位置

长沙市位于湖南省东部偏北方向，湘江下游和长浏盆地西缘。其地域范围为北纬 27°51′—28°41′，东经 111°53′—114°15′。东邻江西省宜春地区和萍乡市，南接株洲、湘潭两市，西连娄底、益阳两市，北抵岳阳、益阳两市。东西长约 230 km，南北宽约 88 km。全市土地面积为 11 819.5 km²，其中城区面积为 556 km²。长沙市辖芙蓉、天心、岳麓、开福、雨花 5 个区，以及长沙县、望城县、宁乡县及浏阳县 4 个县级市。

长沙县地处湘中丘陵东北部，湘江下游东岸；西与长沙市、望城县相邻，南与湘潭县及湘潭市、株洲市区相连，东与浏阳市接壤，北与平江县、汨罗县毗邻；其地理坐标为北纬 27°55′—28°40′，东经 112°56′—113°30′。东、北、南部三面环山，中、西部略低，地形以岗地平原为主。全县有大小山峦 200 余座，海拔 150 m 以上的有明月大山、兴云山、飘峰山、影珠山、龙华山、天华山等 42 座，北部明月大山海拔 659 m，为群山之冠；浏阳河、捞刀河自东而西注入湘江，形成了湘江的两条重要水系；境内有京珠高速公路及 107、319

国道交汇区。

二、地形地貌

长沙县境自南至北最长距离 82.5 km，农业地貌以岗地平原为主，水面较窄。其岗地、平原、高山、丘陵、水域之组合比例大致为 5.1∶2.4∶0.8∶1.2∶0.5。丘岗、平地多为河流、溪谷冲积而成，土质较肥沃。全县境内成土母质多样，以板页岩和花岗岩风化物为主，两者占成土母质总面积的 64%。地带性土壤以红壤为主，占土壤总面积的 50.6%，适合油菜、柑橘、茶叶等生长。人工土壤以水稻土为主，占土壤总面积的 33.8%；其中，潴育性水稻土占 60%，这类土壤水分状况良好，肥力协调，为高产、稳产水稻良田。

三、气候条件

长沙市属亚热带季风性湿润气候。气候温和，降水充沛，雨热同期，四季分明。长沙市区年平均气温为 17.2℃，各县平均气温为 16.8～17.3℃，年积温为 5 457℃；市区年均降水量 1 361.6 mm，各县年平均降水量 1 358.6～1 552.5 mm。夏、冬季长，春、秋季短。春季 61～64 d，夏季 118～127 d，秋季 59～69 d，冬季 117～122 d。春温变化大，夏初雨水多，伏秋高温久，冬季严寒少。3 月下旬至 5 月中旬，冷暖空气相互交融，可形成连绵阴雨、低温寡照的天气。从 5 月下旬起，气温显著提高，夏季日平均气温在 30℃ 以上的有 85 d，高于 35℃ 的炎热日年平均约 30 d，盛夏酷热少雨。9 月下旬后，白天较暖，入夜转凉，降水量减少，低云量日多。11 月下旬至翌年 3 月中旬为冬令时节，平均气温低于 0℃ 的严寒期很短暂，全年以 1 月最冷，月平均气温为 4.4～5.1℃，越冬作物可以安全越冬，缓慢生长。

长沙县属中亚热带季风湿润气候，温和，热量丰富，年平均气温 17.2℃，年降水量 1 390 mm，日照时间 1 677 h，无霜期 275 d。长沙县中小型水库有 168 座，71.4% 的耕地能得以灌溉；林地面积为 911 万 hm²，森林覆盖率达 46.9%，1997 年晋升"全国造林绿化百强县"。

四、农业生产特点

长沙县有耕地面积 4.94 万 hm²，其中水田 4.59 万 hm²，旱地 3 500 hm²，农产品以稻谷、玉米、油菜、柑橘为主，主要经济作物是蔬菜、花木、水果、茶叶等。近年来大力进行农业产业结构调整后，长沙县农业生产逐步形成了布局合理、品种优化、规模经营的局面，实现了由传统农业向现代农业的跨越，打破了水稻"一业独大"的局面。南部以百里花木走廊为主，北部以百里茶叶走廊为主，中部以 207 省道万亩蔬菜示范片、黄兴大道北延线时鲜水果产业带、107 国道休闲观光农业区紧密相连，形成了粮食、蔬菜、茶叶、瓜果、花卉苗木、生态养殖、乡村休闲和农产品加工为主的八大产业格局。

一方面，长沙市特定的地理特征、适宜的气候条件、优良的水土条件，形成了大围子猪的生长习性，是确保大围子猪生长繁育及发展壮大的重要基础，也造就了大围子猪能够保持其独特风味；另一方面，长沙市为湖南省的政治、文化中心，人口较多，市场对鲜猪肉的需求旺盛，因而促使当地群众选育早熟易肥、体型中等的兼用型猪种。

第二节　大围子猪产区社会经济变迁

长沙县别称"星沙"，自古为"三湘首善"，在全国中小城市综合实力百强县排名中位列第 13 位。长沙县位于湖南省东部，处于长株潭"两型社会"综合配套改革试验区的核心地带，是省会长沙市东部的近郊县，西南临湘江、浏阳河和捞刀河贯穿全县，东接浏阳市，西连长沙市城区，南抵株洲市市区、湘潭市市区，北达岳阳市。

一、经济

长沙县毗邻湖南省会长沙市，从东、南、北三面环绕长沙市区，县域总面积为 1 756 km²，有 16 个镇、5 个街道，常住人口有 89.75 万。纵观 2005—2014 年长沙县近十年宏观经济发展历程：2005 年全县地区生产总值（地区 GDP）191.62 亿元，人均 GDP 24 620 元。2011 年地区生产总值（地区 GDP）789.9 亿元，人均 GDP 80 356 元，超过了 1 万美元，成为中部首个人均 GDP 突破万美元的县域经济体。2014 年地区生产总值（地区 GDP）达 1 100.6 亿元，人均 GDP 107 562 元。地区生产总值比 2005 年净增 908.98 亿元，增长约 4.74 倍，人均增长 82 942 元。

2005—2014 年长沙县财政总收入年平均增长 29.25%，2005 年财政收入 20.08 亿元。其中，2009 年、2011 年和 2014 年财政总收入分别突破 50 亿元、

100亿元和200亿元大关，呈现几何数增长态势。2011年，全县完成财政总收入120.6亿元，成为湖南省首个百亿县。2014年，全县实现财政总收入207.2亿元，比2005年净增187.12亿元，增长率约为932％；在全国县域经济基本竞争力排名中，长沙县由第53位上升至第9位，稳居中部第一。长沙县县域经济快速发展，经济运行质量不断优化，综合实力显著增强。

农业方面，长沙县的农业已由过去单个家庭的经营转向产业化经营，正由传统农业向现代化农业跨越，已形成了茶叶、蔬菜、花卉苗木三大新的产业支柱。以金井镇、高桥镇、春华镇为主产区，已有2个万亩茶园，其产品远销东欧、俄罗斯等地；临近城区的6个乡镇蔬菜种植面积常年保持在4万 hm^2 以上，成为市区市民新鲜无公害蔬菜的重要供应基地。传统的农产品得到改良更新，全县优质稻种植面积超过2万 hm^2，连片高产优质玉米基地有3 800 hm^2。城郊农业得到新的发展，望新建筑集团投资兴建的500头规模的奶牛场已经建成。一大批集中经营、连片开发、品种各异、特色鲜明的，展现田园风光的现代化农村庄园出现在长沙县。

二、文化

长沙县具有2 000多年的发展历史，历史文化资源非常丰厚，资源优势转化为产业优势的潜力巨大。文化产业高附加值吸引着众多投资者的目光，大量资本和人力资源涌进文化领域。例如，路口镇养殖专业大户转向雕塑生产，投资100余万元建成了湖南省最大的雕塑基地；以房地产开发为主的湖南省恒广发展集团有限公司投资了170亿元，建设了室内主题公园——恒广欢乐世界；天舟文化不断吸纳民营资本，成功上市成为民营书业第一股。随着社会资本的大量进入和政府支持力度的加大，许多文化企业相继建设和投入使用，文化产业链不断形成。

三、交通

长沙县已构筑水、陆、空交互的立体化交通网络。

1. 水运　湘江、浏阳河通江达海，2 000吨级深水码头霞凝新港吞吐有序。

2. 公路和铁路　107国道、319国道穿行其中，京珠高速、长永高速、机场高速、绕城高速、长株高速纵横交错，全县"三纵十二横"骨干道路网架全面拉通，县域内已有 28 个现代化交通接口与长沙市区实现无缝对接。京广铁路、武广高铁和沪长昆高速铁路贯穿县境；长株潭城铁在暮云镇设站，地铁 2 号线在黄兴镇设站。

3. **航空** 黄花国际机场已开通近百条国内外航线，可通往国内外 90 余个大中城市。

第三节　大围子猪品种形成的历史过程

一、品种形成

大围子猪已有数百年饲养历史，相传最早为大托镇新港村（原白塘河）的几户农家饲养，后经逐步繁殖选种培育而成。

大围子猪原产地位于长沙市南面，湘江东岸，距市区不足 20 km。当地地势较低，每逢湘江涨水，农田多遭淹没。因此这一带的土壤多为冲积的沙质土壤，土质肥沃。据 20 世纪 80 年代初（1979—1982）的调查资料，长沙市平均气温为 17.5℃，10℃活动积温为 5 400～5 500℃，无霜期为 255～290 d，年平均日照为 1 700～1 800 h，年降水量为 1 400～1 600 m。这不仅对农作物及蔬菜生长非常适宜，而且对养猪生产也很有利。当地农民除种植稻谷外，还以养猪为主要副业。一方面利用猪粪尿肥田，另一方面可为市郊供应猪源。中心产区虽然田多土少，除种稻谷外，少产杂粮，但农副产品加工商品饲料来源较丰富，群众有养猪的习惯。根据当地饲料条件和市场需要，群众会有意识地挑选早熟、易肥、边长边肥、体型较小、繁殖力强的猪种。在人工选择和饲料条件的双重影响下，逐渐形成独特的外貌特征和经济性状的大围子猪猪种。

产区群众对大围子猪的选种和饲养管理有丰富的经验，当地流传着选种谚语："看猪生相要认真，平腰直板第一宗；栋梁脊骨要粗大，排肋板密现穿隆；窝场（胲窝）要得小，秋板（臀部）要得平；泥鳅尾巴生得上，莲蓬奶头生得匀；寸骨不连地，水爪不挨泥，全身灰黑四点白，稀毛薄皮现杉枝。"在饲养管理方面，要求饲料要煮得融，捏得烂，稀稠合适。对怀孕后期母猪、哺乳母猪和仔猪要补喂泥豆（磨成豆浆）、田螺等富含蛋白质的饲料，且常在河堤放牧对大围子猪骨骼的发育有益。20 世纪 50 年代以后，产区的农作制度由单季稻改种双季稻，泥豆已很少种植；同时，由于厂矿单位增加，基建面积扩大，因此河堤已不能放牧。自 20 世纪 70 年代末以来，随着浓缩饲料、预混合饲料和全价配合饲料的普及及科学饲养技术的推广，除偏僻山区或自宰年猪尚未熟食，传统的"野草、菜叶加糠麸"的饲喂方式逐渐变成了当今的"玉米、豆粕加麦麸"的饲喂方式，昔日的"稀汤灌大肚"逐步被湿拌粉料所取代；同时，过度分散饲养向适度密集过渡，圈内积肥的管理方式也已几乎被淘汰。在繁殖方式上，当前仍是以本交为主、人工授精为辅。特点是在大面散养区，多以机动车运载公猪或徒步驱赶公猪上门配种，而养殖专业户则多为自养公猪以满足自繁之需。

二、群体数量和变化情况

自 20 世纪 70 代末以来，随着长沙市瘦肉型猪生产的兴起与发展，以及外来良种公猪的引进和杂交肉猪生产的发展，大围子猪的饲养量急速下降。据 1980 年的调查，中心产区及长沙、望城两县共有大围子猪母猪 1.3 万头、大围子猪公猪 20 余头。其中，中心产区有大围子猪母猪 2 870 头、大围子猪公猪 5 头。至 1990 年，全市大围子猪饲养量由 20 世纪 80 年代瘦肉型猪基地县建设期间年最高饲养量的 10.92 万头下降到 6.56 万头，下降了 39.93%；1991—2006 年，杜×长×大瘦肉型猪生产的迅速发展，使得大围子猪母猪的存栏量进一步减少。2002 年，大围子猪只剩下 6 头种公猪；2006 年，长沙县大围子猪母猪存栏量仅为 6 000 多头。如此急速下降趋势，给大围子猪的保种工作带来了很大困难，保种工作形势严峻。

因此，自 2003 年开始，设立了长沙县双江镇、金井镇等保种区，将大围子猪保种地域向边远山区迁移，建立了大围子猪保种登记制度，并根据保种方案及计划，与农户签订保种选育与饲养合同，大围子猪的保种工作才有了转机。

2006 年长沙、望城两县共存栏大围子猪公猪 23 头（含 10 个血缘）、大围子猪母猪 8 000 多头。其中，大围子猪母猪数量，长沙县双江镇和金井镇各 2 000 头，暮云镇 1 000 头，黄兴镇和回龙镇共 1 100 头；望城县高塘岭镇和茶亭镇共 2 000 多头。保种核心群有公猪 13 头、母猪 143 头。

第二章
大围子猪品种特征和性能

第一节　体型外貌

一、外貌特征

大围子猪体格中等，体质偏细致和疏松，属肉脂兼用型猪种。全身被毛为灰黑色，皮肤呈粉红色，四肢下端为白色，俗称"四脚踏雪"或称"寸子花"。头形清秀，耳中等大小，耳根硬，耳尖薄，半下垂，呈八字形，群众称之为"蝴蝶耳"。头分长头和短头两种，长头型俗称"阉鸡头"，头顶较斜，额较窄，嘴筒圆而较小，额部皱纹较浅；短头型俗称"寿字头"，头顶较平，额较宽，嘴筒粗而稍扁，面微凹，额上皱纹较深。颈长短适中，下颌无垂肉。胸宽而深，背腰宽而稍凹。腹大，略下垂，形成锅底状。臀部宽而稍倾斜，十字部略高于鬐甲部，形成前低后高体态。大腿较丰满，飞节上部皮肤有皱褶，肢间距宽。尾根粗，尾尖稍扁，俗称"泥鳅尾"。

据 2006 年 8 月对 11 头大围子猪公猪、50 头大围子猪母猪的调查，尾长平均（27.9±0.29）cm；对 24 头屠宰猪肋骨数的检测结果为（13.78±0.09）对。乳头排列均匀，群众喜爱这种具有交叉排列的乳头，称之为"丁字奶"或"木马奶"，认为此种乳头对仔猪吮乳有利。乳头数 12～16 个，据 1980 年对80 头母猪的调查，乳头数为 13.67 个。大围子猪成年种猪体型及毛色等性状见表 2-1。

近 20 多年来，随着浓缩饲料、预混合饲料和全价配合饲料的普及，营养的平衡程度大幅提高，大围子猪在体型上有所改变，主要表现在背腰由凹陷变平直、腹部由大略下垂变为略大而不拖地、四肢多由卧系变为肢蹄直立等。

表 2-1　大围子猪成年种猪体型及毛色等性状

性状	项目	公猪	母猪	平均	性状	项目	公猪	母猪	平均
毛色（%）	黑	100	98	98.4	头型（%）	大	90.9	86	86.9
	黑（白脚）	100	96	96.7		额有皱纹	81.8	96	93.4
耳形（%）	大	90.9	84	85.3		嘴筒中等	90.9	88	88.5
	直立		2	1.64	乳头（%）	粗	45.5	86	78.7
	下垂		78	63.9		中等	18.2	8	9.84
躯干（%）	背腰平		26	21.3		细	36.3	6	11.46
	背腰凹	100	70	75.4		排列对称	54.5	82	77.1
	腹部下垂	81.8	92	90.2	乳头数（对）		7	7.03	7.02
	腹部平直		4	3.28	肢势内展（%）			98	80.3
	臀部丰满	100	96	96.7	尾根低（%）		100	92	93.4

二、体重体尺

2006 年 10—11 月，农业部组织的中国（地方）猪种遗传资源调查组分别在长沙市天心区暮云镇和长沙县双江乡、茶亭乡、路口镇的南托、沅江，以及农裕、石井、石湾、光华、代公桥、花桥共 6 个乡镇 8 个村对大围子猪的 11 头成年公猪（平均 14.7 月龄）、50 头成年母猪（平均 21.1 月龄，2.53 胎次）的体重、体长、胸围等性状进行了实地个体调查，与《湖南省家畜家禽品种志和品种图谱》记载的 1980 年调查时数据相比公猪体重差异不大，但母猪体重有增加趋势（表 2-2）。

表 2-2　大围子猪成年种猪体重和体尺

年　份	1980		2006	
性　别	公猪	母猪	公猪	母猪
调查头数	11	602	11	50
体重（kg）	106.3±5.06	80.85±0.28	107.00±3.32	108.00±3.10
体高（cm）	65.5±1.10	60.30±0.19	61.80±1.09	58.00±0.76
体长（cm）	128±1.17	116.60±0.32	118.00±3.71	118.00±1.74
胸围（cm）	113.7±2.15	106.7±0.32	119.00±2.61	117.00±1.36

第二节　大围子猪生物学习性

一、繁殖率高、世代间隔短

地方猪性成熟早，1 岁时或在更短的时间内可第一次产仔。公猪 3 月龄开始产生精子，母猪 4 月龄开始发情并排卵，比国外品种早 3 个月。

猪是常年发情的多胎、高产动物，一年能分娩两胎，若在缩短哺乳期、给母猪注射激素的情况下，可以达到两年五胎。猪产仔数多，经产平均一胎产 11 头以上。

大围子猪繁殖效率实际并不算高，有很大的潜力，母猪卵巢中有卵原细胞 11 万个，繁殖利用的年限内只排卵 400 枚左右。母猪一个发情期内可排卵 12～20 个，而产仔只有 8～10 头；公猪一次射精 200～400 mL，含精子数 200 亿～800 亿个，可见猪的繁殖潜力很大。

二、食性广、饲料转化率高

猪是杂食动物，门齿、犬齿和臼齿都很发达，其胃是介于肉食动物的单胃与反刍动物的复胃之间的中间类型，因此能充分利用各种动植物饲料和矿物质饲料。

猪对食物有选择性，能辨别口味，特别喜爱甜食。采食能量和蛋白质所产生的可食蛋白质比较高，猪仅次于鸡，而超过牛和羊。

猪的采食量大，但很少过饱，消化道长，消化速度极快，能消化大量的饲料，以满足其迅速生长发育的营养需要。猪对精饲料中有机物的消化率为 76.7%，也能较好地消化青粗饲料，如对青草的消化率为 64.6%、对优质干草的消化率为 51.2%，但对粗纤维的消化率较差。因此，在猪的饲养中，要注意精、粗饲料的适当搭配，控制粗纤维在日粮中所占的比例，保证日粮的全价性和易消化性。猪对粗纤维的消化能力受品种和年龄的影响。

三、嗅觉和听觉灵敏、视觉不发达

猪有特殊的鼻子，嗅区广阔，嗅黏膜的绒毛面积很大，分布在嗅区的嗅神经非常密集，故对气味都能嗅到和辨别。

猪的耳形发达，外耳形大，外耳腔深而广，听觉发达，即使很微弱的声响，猪都能敏锐地觉察到。另外，猪头转动灵活，可迅速判断声源方向，能辨声音的强度、音调和节律，容易对呼名、口令和声音刺激建立条件反射。猪场环境要安静，不要有突然的声响，不要轻易抓捕小猪，以免影响其生长发育。

猪的视觉差，缺乏精确的辨别能力，视距、视野范围小，不靠近物体就看不见东西。对光刺激一般比声刺激出现条件反射慢很多，对光的强弱和物体形态的分辨能力也弱，辨色能力也差。人们常利用这一特点，用假母猪进行公猪采精训练。

四、适应性强、分布广

猪对自然地理、气候等条件的适应性强，是世界上分布最广、数量最多的家畜之一，除因宗教和社会习俗等原因而禁止养猪的地区外，凡是有人生存的地方都可养猪。

从生态学适应性看，猪主要表现对气候寒暑的适应、对饲料多样性的适应、对饲养方法和方式（自由采食和限喂，舍饲与放牧）的适应。但是如果遇到极端的环境和极其恶劣的条件，猪也会出现新的应激反应。如果猪抗衡不了这种环境，生态平衡就会遭到破坏，生长发育受阻，生理出现异常，严重时有可能出现病患和死亡。如在热应激下，呼吸频率升高，呼吸量增加，采食量减少，生长猪生长速度减慢，饲料转化率降低，公猪射精量减少、性欲变差，母猪不发情；当环境温度超出等热区上限时，猪则难以生存。同样在冷应激下，猪采食量增加，增重速度减慢，饲料转化率降低，打颤、挤堆，进而死亡。噪音对猪的影响表现在，轻者可使猪食欲减弱，发生暂时性惊慌和恐惧行为，呼吸、心跳加速；重者能引起母猪早产、流产和难产，使猪的受胎率、产仔数减少和变态现象等的发生。

大围子猪对当地环境的适应性很强。长沙地区 1—2 月气温有时在 0℃ 以下，相对湿度为 80% 左右。在这种低温、高湿的环境下，栏舍内即使不铺垫稻草，大围子猪亦少出现感冒或冻伤现象。7—8 月在 35～38℃ 的高温下，大围子猪亦能耐受。华中农科所 1956 年关于湘中地方猪种的生物学特性及生产性能比较观察试验报告中指出，在冬季 -4℃ 的气温下，大围子猪仍能生长；在酷热的环境下，虽呼吸急促，每分钟达 80 次，但未发病死亡。大围子猪对粗放饲养管理的耐受能力较强，特别是在长途运输中，很少因发生疾病而死亡，对一般普通疾病的抵抗力也较强。

五、喜清洁、易调教

猪是爱清洁的动物，采食、睡眠、排粪、排尿都在特定的位置进行，一般喜欢在清洁、干燥处躺卧，在墙角潮湿有粪便气味处排粪和排尿。若猪群过大，或圈栏过小，则猪的上述习惯就会被破坏。

在生产实践中可利用猪易被调教的这一特点，建立有益的条件反射。这样通过短期训练，猪即可在固定地点排粪、排尿等。

六、群居位次明显

猪喜群居，同一小群或同窝仔猪间能和睦相处，但不同窝或群的猪新合到一起，就会相互厮咬，并按来源分小群躺卧，几日后才能形成一个有次序的群体。在猪群内，不论群体大小，都会按体质强弱建立明显的位次关系，体质好、"战斗力强"的排在前面，稍弱的排在后面，依次形成固定的位次关系。若猪群过大，就难以建立位次，相互争斗频繁，影响采食和休息。

在生产实践中，一是猪群不能太大，因为猪群越大位次越难建立，频繁的咬斗会影响猪的生产和生活；二是猪群一旦确定，就不要随便调整，任何猪只的进出都会引发新一轮的战斗，短则数小时，长则几天，对新入群的猪只往往群起而攻之。

第三节　大围子猪生产性能

一、繁殖性能

大围子猪性成熟较早。在农家饲养条件下，公猪 90 日龄即可进行交配，母猪 120 日龄开始发情。据 1980 年的调查，后备母猪初情期为 127.3～128.7 日龄，此时母猪体重仅为 29.2kg；发情持续期为 6～7d，发情周期为 20.14～24.5d。母猪发情时症状明显，产后发情一般为断奶后 3～5d。而据 2006 年的农户调查，母猪发情周期为 18～21d，初配期为 148～155 日龄，妊娠期为 107～116d。产区群众对公、母种猪习惯于早利用，公猪 120～150 日龄、体重 30～40kg 开始配种，母猪 150 日龄、体重 35～40kg 或第 3 次发情时开始配种；利用年限公猪一般为 3～4 年，母猪一般为 8～10 年，甚至达 15 年。

2006 年 8—10 月，农业部组织的中国（地方）猪种遗传资源调查组分别在长沙市天心区暮云镇南托村和长沙县双江乡农裕村对农户散养的大围子猪母猪繁殖性状进行了调查，与 1980 年的调查相比，窝产仔数略有减少，育成率有提高（表 2-3）。

表 2-3　大围子猪母猪繁殖性状

性　状	1980 年	2006 年	性　状	1980 年	2006 年
调查头数	121	50	21 日龄窝重（kg）		30.34±0.37
窝产仔数（头）	11.53±0.23	11.06±0.27	断奶日龄（d）	60	54.43±1.96
产活仔数（头）		10.04±0.18	60 日龄成活数（头）	8.43±0.11	9.88±0.16
初生个体重（g）		576.24±8.95	60 日龄窝重（kg）	91.51±0.43	118.8±9.09
窝重（kg）	8.29±0.01	5.75±0.10	育成率（%）	91.22	98.41

注：1. 1980 年数据系 30 胎初产、31 胎二产、60 胎经产记录的平均值；
　　2. 2006 年调查，未区分胎次（因未有明确记录）。

二、生长性能

大围子猪具有早熟和生长发育快的特点。据 1980 年的调查（湖南省家畜家禽品种志和品种图谱编委会，1984），在当时农村饲养条件下，公、母猪相对增重以 4 月龄前最大，而绝对增重则以 4~6 月龄时最高；6 月龄以后，公、母猪生长发育因性机能的影响而受到了阻碍。公、母猪 6 月龄和 10 月龄平均体重分别为（36.24±2.24）kg、（43.72±0.78）kg 和（58.54±4.32）kg、（62.60±2.08）kg；10 月龄体长、胸围和体高，公猪分别为（103.20±2.92）cm、（93.10±1.88）cm 和（57.20±1.18）cm，母猪分别为（101.82±2.33）cm、（94.54±2.37）cm 和（52.90±1.42）cm（表 2-4）。

表 2-4　大围子猪后备猪体重和体尺

性别	月龄	头数	体重（kg）	体长（cm）	胸围（cm）	体高（cm）
公	4	12	19.80±1.26			
	6	12	36.24±2.24	85.10±2.03	73.00±1.98	43.10±0.64
	8	10	42.60±1.41	86.30±1.80	78.00±1.26	48.50±0.88
	10	7	58.54±4.32	103.20±2.92	93.10±1.88	57.20±1.18
母	4	59	29.20±0.56			
	6	23	43.72±0.78	90.78±1.03	82.32±0.59	48.80±0.75
	8	10	51.49±1.42	93.90±1.40	88.50±0.75	50.50±1.52
	10	11	62.60±2.08	101.8±2.33	94.54±2.37	52.90±1.42

三、育肥性能

大围子猪的育肥性能较好，具有边长边肥、蓄脂能力较强的特点。在20世纪80年代的农村饲养条件下，6月龄生长育肥猪体重可达60 kg以上。据当时中心产区农户饲养的6头育肥猪的材料，双月断奶猪平均体重为10 kg；饲养145 d的猪平均体重为65.62 kg，平均日增重384 g。又据当时长沙县大围子猪繁育场9头生长猪的育肥记录，平均体重自15.5 kg开始饲养165 d，体重可达80.7 kg，平均日增重为395.15 g。经品味评定，大围子猪肉味比长白猪和大白猪的都佳。主要表现为外观肉色较红，肌纤维较细，肌束之间脂肪含量丰富，肉质细嫩，肉味较鲜。

2006年9月15日至2007年1月7日在长沙县江背镇五美村的家庭猪场对大围子猪进行了为期114 d的生长育肥饲养试验。试验将24头阉割去势猪设3个重复，每个重复8头猪，公、母各半分组，其日粮配方见表2-5、育肥效果见表2-6。

表 2-5　大围子猪育肥试验日粮配方

原料组成 (%)	体重阶段（kg）			营养水平	体重阶段（kg）		
	15～35	35～50	50～75		15～35	35～50	50～75
鱼粉		2		消化能（MJ/kg）	13.26	11.38	11.4
大豆粕	22	8.8	5.7	粗蛋白质（%）	16.05	12.55	10.57
玉米	66.4	51.4	53.6	粗纤维（%）	3.76	2.84	2.79
次粉		12	15	钙（%）	0.65	0.58	0.5
小麦麸	7.6	10	10	总磷（%）	0.53	0.49	0.41
砻糠		11.8	11.7	非植酸磷（%）	0.29	0.27	0.19
预混料	4	4	4	赖氨酸（%）	0.98	0.78	0.62
合计	100	100	100	蛋氨酸+胱氨酸（%）	0.57	0.47	0.41

表 2-6　大围子猪育肥性状

年份	头数	始重（kg）	末重（kg）	饲养期（d）	日增重（g）	耗料（kg）	料重比
1980	9	15.50	80.7	165	395.15		
2006	24	18.10±0.51	75.78±0.93	114	505.96±3.77	248.10	4.30:1

注：2006年试验结果以"平均数±标准误"表示。

四、屠宰性能

2012 年对湖南天府生态农业有限公司大围子猪资源场的 8 头大围子猪进行了屠宰试验。结果表明，宰前平均活重 75.43 kg 的大围子猪，屠宰后胴体重和屠宰率分别为 53.78 kg 和 71.28%；3 点平均背膘厚、3 点平均皮厚和眼肌面积分别为 37.65 mm、4.61 mm 和 19.15 cm²；瘦肉率、皮率、骨率和肥膘率分别为 46.24%、8.90%、9.58% 和 35.28%，与 2006 年的研究结果略有不同（表 2-7）。

表 2-7　大围子猪屠宰性状

项　目	年　份		项　目	年　份	
	2006（24头）	2012（8头）		2006（24头）	2012（8头）
宰前体重（kg）	75.92±1.39	75.43±2.80	6～7肋皮厚（mm）	3.54±0.21	4.12±0.74
胴体重（kg）	54.11±0.95	53.78±2.95	三点平均皮厚（mm）		4.61±0.64
屠宰率（%）	71.49±0.60	71.28±2.36	瘦肉率（%）	43.95±0.48	46.24±2.02
眼肌面积（cm²）	22.59±0.81	19.15±1.89	肥膘率（%）	35.54±0.77	35.28±2.51
6～7肋膘厚（mm）	38.06±1.62	36.40±4.89	骨率（%）	9.38±0.27	9.58±1.08
三点平均背膘厚（mm）	38.85±1.10	37.65±4.69	皮率（%）	11.41±0.56	8.90±0.93

五、肉质性状

结合 2012 年进行的屠宰测定，朱吉等（2013）分别对该 8 头屠宰猪进行了常规成分、氨基酸和脂肪酸组成分析。其结果为：大围子猪肌肉粗蛋白质含量为 21.60%，肌内脂肪含量为 4.34%，即蛋白质含量较高，脂肪含量适中，均属理想肉质范围，表现了较好的肉质和丰富的营养价值（表 2-8）；肌肉风味氨基酸含量丰富，达 62.70%，特别是天门冬氨酸含量高达 8.03%，相比湖南省其他地方猪种高出 2～3 个百分点（表 2-9）；肌肉脂肪酸的组成与肉品质存在很大相关性，除硬脂酸外，饱和脂肪酸和单不饱和脂肪酸（油酸）含量与肉香味和整体可接受程度呈正相关，与多不饱和脂肪酸则呈负相关（表 2-10）。大围子猪肌肉饱和脂肪酸含量为 42.68%，单不饱和脂肪酸含量为 53.41%，多不饱和脂肪酸含量较低，仅为 3.90%，肌肉锌含量为 16.01 mg/kg。

表 2-8　大围子猪肌肉常规成分分析

性　状	指　标	性　状	指　标
水分（％）	72.24±1.22	钠（mg/kg）	345.25±34.32
干物质（％）	27.76±1.22	铜（mg/kg）	0.37±0.04
灰分（％）	1.14±0.07	镁（mg/kg）	229.50±14.15
粗蛋白（％）	21.60±1.29	锌（mg/kg）	16.01±2.19
肌肉脂肪（％）	4.34±1.49	钙（mg/kg）	8.36±2.01
钾（％）	0.38±0.01		

注：结果以鲜肌基础计。

表 2-9　大围子猪肌肉氨基酸成分分析（％）

性　状	指　标	性　状	指　标
天门冬氨酸	8.03±0.72	酪氨酸	2.28±0.23
苏氨酸	3.94±0.34	苯丙氨酸	3.06±0.27
丝氨酸	3.35±0.30	赖氨酸	7.09±0.76
谷氨酸	14.8±1.20	组氨酸	3.82±0.47
甘氨酸	3.54±0.35	甲硫氨酸	2.25±0.22
丙氨酸	5.25±0.62	精氨酸	5.18±0.46
胱氨酸	1.10±0.39	脯氨酸	4.63±0.40
缬氨酸	3.98±0.37	必需氨基酸	31.52±3.85
异亮氨酸	3.62±0.32	风味氨基酸	62.70±7.31
亮氨酸	7.36±0.66	总氨基酸	79.87±9.46

注：结果以干肌基础计。

表 2-10　大围子猪肌肉脂肪酸组成分析（％）

性　状	指　标	性　状	指　标
肉豆蔻酸（C14：0）	1.63±0.08	顺-11-二十碳烯酸（C20：1）	0.87±0.17
棕榈酸（C16：0）	28.96±0.52	二十四碳一烯酸（C24：1）	0.14±0.06
硬脂酸（C18：0）	11.93±0.64	棕榈烯酸（C16：1）	4.42±0.51
花生酸（C20：0）	0.17±0.02	饱和脂肪酸	42.68±0.76
油酸（C18：1N9C）	44.75±1.16	总不饱和脂肪酸	57.32±0.76
亚油酸（C18：2N6C）	3.70±0.97	单不饱和脂肪酸	53.41±1.35
反式油酸（C18：1N9T）	3.24±1.26	多不饱和脂肪酸	3.90±1.02
反式亚油酸（C18：2N6T）	0.20±0.07		

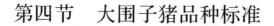

第四节 大围子猪品种标准

一、企业标准

2012年湖南天府生态农业有限公司发布了企业标准——《罗代黑猪》（Q/BAUG 001—2012）（罗代黑猪指的是长沙县双江、金井和与之相邻的平江县一带的传统土猪——大围子猪）。本标准规定了罗代黑猪的术语和定义、品种特征特性、后备猪和种猪评定分级、猪肉质量、检验方法、种用价值、种猪出场要求等，适用于罗代黑猪的鉴定、选育、生产、等级评定、销售等。

二、地方标准

2014年制定了湖南省地方标准《大围子猪遗传资源保护技术规程》（DB 43/T 908—2014）。本标准规定了大围子猪遗传资源保护技术的术语和定义、保种场要求、保种区要求、保种场管理、保种选育、生产性能测定及档案记录，适用于大围子猪遗传资源保护。

第三章
大围子猪品种保护

第一节 大围子猪保种概况

一、保种场

1952 年在大托镇建立了大围子保种场，该场于 1979 年迁到长沙县星沙镇（原螺丝塘乡）。全场占地面积 6.53 hm²，核心群有母猪 120 头、公猪 10 头，制订了详细的保护计划。2000 年，由于进行星沙开发区建设和重点工程建设，该保种场全部用地被政府征收。至 2006 年，大围子猪尚未建立保种场，只在天心区、长沙县和望城县的 5 个乡镇设有保护区。

大围子猪原产地的地理位置处在长沙、株洲、湘潭三市一体化建设格局的中心地段，保种工作由长沙市畜牧水产局领导与组织，保种地域分别设立在天心区大托镇，长沙县暮云镇（原南托）、双江镇、金井镇和望城县高塘岭镇、茶亭镇，共存栏大围子保种核心群公猪 13 头、母猪 143 头，并按 10 个血缘建立了完整的系谱档案，制订了保种方案及选配计划。

2006 年，长沙市畜牧水产局将大围子猪保种及逐步倾向于异地保种的工作任务，全责交予了长沙县畜牧水产局。该局自承担市局交给的保种任务以来，以高度责任感和使命感，积极组织和开展大围子猪保种工作。

湖南天府生态农业有限公司于 2010 年成立于湖南省长沙县双江镇，注册资金 740 万元，现有净资产 5 185 万元，固定资产 2 120 万元。其建立的大围子猪资源场场区总投资 5 000 多万元，占地面积超过 17 hm²，建筑面积超过 10 000 m²，共有 22 栋猪舍。该场 2015 年晋升为国家级大围子猪保种场。保种场现有大围子母猪 1 200 头、公猪 45 头（13 个血统），其中核心群规模

216 头（公猪 16 头、母猪 200 头）。

场区布局合理，生产区与办公区、生活区实现了完全隔离。办公区设技术室、档案资料室、展览室、会议室等；生产区设饲养繁育场地、兽医室、人工授精室、隔离舍、畜禽无害化处理、粪污排放处理等。场区建立健全了一整套完善的管理制度，以及饲养、繁育、免疫、消毒等技术规程。

二、保护区

根据长沙市畜牧水产局安排，长沙县畜牧水产局与暮云镇、双江镇、金井镇等保种区，以及保种群的饲养户签订了《种母猪饲养管理协议书》，要求保种户必须按照协议来饲养管理，协助从纯繁胎次中选留优良后备公、母猪。大围子保种核心群现有优质种公猪 12 头、母猪 120 头，并按 10 个血缘建立了完整的系谱档案，公猪 3 年一轮换、母猪 3 年继代纯繁，制订了保种方案及选配计划。

在农户保种方面，长沙县畜牧水产局与保种户签订了协议书，明确了双方的责权利。核心保种户的主要工作职责有：①保种群按户登记造册；②按选配计划进行配种；③负责系谱记录及保种区内留种记录，防止近亲交配；④负责与经纪人联系，掌握种用仔猪流向；⑤负责与县局、保种户的信息收集反馈及落实。县局则负责每年对饲养公、母猪的农户及时发放补贴。

第二节　大围子猪保种目标与内容

一、保种规模

按照《种畜禽管理条例》及其实施细则中关于畜禽品种资源保护的具体要求，结合湖南天府生态农业有限公司国家级大围子猪保种场目前的保种现状，拟增加大围子猪保种核心群数量至母猪 300 头、公猪 26 头，其血缘为 13 个。

二、特性保护

1. 体型外貌　体格、被毛、乳头数，大围子猪"四脚踏雪"外貌特征是主要保护性状。

2. 繁殖性状　初产母猪总产仔数 8～9 头，产活仔数 7.5～8.5 头；双月断奶头数 7.0～8.0 头，双月断奶窝重 70～80 kg。经产母猪总产仔数 11～12 头，产活仔数 10.5～11.5 头；双月断奶头数 10～11 头，双月断奶窝重 110～120 kg。

3. 生长性状 体重 15~75 kg 阶段日增重 500~600 g，料重比在 4.0 以下。

4. 胴体性状 75 kg 体重屠宰瘦肉率为 42%~45%，背膘厚在 3.8 cm 以下。

5. 肉质性状 肌肉呈鲜红色或深红色，大理石花纹清晰，分布均匀，肌内脂肪含量在 4.3% 以上。

6. 其他特性 耐粗饲、抗病力（尤其是抗气喘病的能力）强。

三、保种工作的主要内容

第一，保种场核心群做到数据完整，按要求完成体重、体尺、繁殖性能、生长发育、屠宰测定等记录，及时做好数据统计分析，提高保种工作的科学性和目的性。

第二，设立大围子猪保种区，做好大围子猪保种区的存栏分布等情况调查，主要统计能繁母猪数量、年龄结构及其种公猪数量、血缘，摸清保种区在保种方面存在的问题；同时，做好良种鉴定和登记，建立和完善保种区种猪档案，并将档案数据录入微机，实行电脑化管理。

第三，与湖南省畜牧兽医研究所、湖南农业大学等单位合作，开展大围子猪精液、体细胞、胚胎冷冻保存等的研究，为大围子猪的保种选育探索积极有效的新方法；开展分子生物学技术在育种中的应用；采用 RAPD 技术对大围子猪的遗传纯度监测和选育提供有价值的参考。

第四，做好防疫设施的改造，提高猪群健康，添置焚尸炉等设施，做好大围子猪病死猪的无害化处理工作。保证兽医室试验设备到位，能正常开展抗体监测、细菌培养、药敏试验、消毒效果检测等工作，提高保种场的防疫水平。

第三节 大围子猪保种技术措施

一、保种方式

根据我国畜禽资源保护的指导思想，结合大围子猪多年来的保种经验和现有条件，采取资源场和保种区相结合的方法，对大围子猪优良性状加以保护和提高。在资源场采用开放式继代选育，实行定向保种，在保种区实行群选群育。通过资源场和保种基地相结合的方式，实行开放式保种，将保种基地优秀的个体随时纳入资源场培育，将上一世代优秀的个体直接进入下一个世代培育，这样能使资源场保种有血缘更新和发展特性的来源基地，不仅增强保种抗风险的能力，而且也使品种开发利用的实力得到增强。

二、保种选育技术措施

1. 开展品种资源调查，制定保种方案 1954年华中农业科学院等单位首先对大围子猪种进行调查。1956年设立了大围子猪良种辅导站。1958年建立了大围子猪良种繁育场，对邻近农户饲养的良种猪进行良种登记。1980年重新开展良种登记工作，成立了大围子猪保种选育领导小组，制定了保种条例，建立了保种网，并开展多项试验研究工作，加强大围子猪的选育。1984年对大围子猪进行了种质测定。1999年在主管部门的支持下，大围子猪保种工作有了新的进展，如做了DNA指纹图检测、重新制订了新的保种计划等，使保种工作更具科学性和先进性。2006年又再次对大围子猪进行了品种资源调查，并根据调查情况，再次优化了保种方案。

2. 建立以国家级保种场为核心，与保种区相结合的动态保种模式 为了对大围子猪既能更好地保种又能合理开发利用，必须完善和加强核心场的建设和研究工作，改变现有的保种模式，实施以"大围子猪国家级品种资源保种场"为大围子猪保种选育核心场，建立大规模的大围子猪核心群，这有利于控制和操纵其基因库变迁；同时，在长沙县双江镇设立大围子猪保种区，对大围子猪进行边保种、边选育、边提高的开放式动态保种方式。将保种区内发现的优秀性状的个体选入核心场，而经核心场保种选育的优秀后代又回到保种区进行大量繁殖推广。在保种区内根据群体大小划分片区，设立保种员，对养殖户给予一定的经济补偿。这一保种模式不但可以对大围子猪进行有效的保种，同时也解决了大部分保种群的经济收益问题，大大减轻了保种的经济负担。

3. 采取先进的方法和技术进行保种 过去一提到保种就认为是饲养一定数量的母猪，并按母猪数量留一定比例的公猪。这种传统的保种方法对大围子猪的保种起到了很重要的作用，但现已不适应现代养殖业的发展。广义的保种措施不应只是对活体动物进行保护，还应包括对精液、胚胎、体细胞、有关基因等的保护。因此，对大围子猪保种应积极研究和探索应用现代保种方法，如冷冻大围子猪的胚胎、冷冻公猪的精液、保存大围子猪DNA分子等方法对大围子猪进行保种。这样可以解决活体猪群保种耗资大、费时费力的问题，从而降低保种的经济负担。

4. 加强保种和选育相结合 保护好大围子猪这一优良地方猪种，不使其遗传资源消失，不仅是大围子猪保种的目的之一，更重要的是使大围子猪这一优良地方品种猪能在我国养猪生产中发挥作用。也就是说，在保留大围子猪猪种的同时要进一步对其进行开发和利用，除要保持其特性和特征外，还要对那些明显不良性状加以改良。开发利用的方式可以有多种，除了在二元杂交、三元杂交中用作母本以外，还可以将大围子猪的优良性状用于配套系的品种选育中。此外，还可以在对大围子猪进行保种的同时对大围子猪进行选育，选育出适合市场需求的不同经济性状，如瘦肉型、快速生长型、高繁殖型的猪等。

5. 培育出优质的新品系，以适应市场的需求　在保种选育的基础上，以市场为导向，本着一保持、二改良、三提高的原则，通过常规选育和分子选育相结合，不断提高大围子猪的品种质量，培育出高品质的大围子猪新品系，以适应市场对高品质猪肉的不断需求。

第四节　大围子猪性能检测

一、繁殖性能测定

记录大围子猪母猪产仔数、产活仔数、仔猪初生重（窝重）、21 日龄体重（窝重）、断奶体重（窝重）。对于大围子猪种公猪，以后裔性能的统计分析为依据，评定其种用价值。

二、生长发育性能测定

仔猪于保育期做好免疫接种，于 70 日龄进入生长后备猪性能测定期。公、母猪分圈群饲，以栏为单元记录饲料耗量，以个体为单元调查记录体重和日增重。

1. 入选仔猪　体型外貌符合品种特征，生殖器官发育正常，有效乳头数≥7 对，自身或同胞无隐睾、疝气、锁肛等遗传缺陷。

2. 测定群　由专人饲养、专人管理。

3. 调查体重　早晨空腹时称重，折算 60 kg 后备种猪标准体重日龄，计算公式如下：

$$60\,kg\,标准体重校正日龄=\frac{实际日龄\times100}{实际体重}$$

4. 体尺　用硬尺（木制游标卡尺）或软尺（缝纫尺）紧贴量取，要求站姿端正。

5. 体高 指鬐甲至蹄底（地平面）的垂直距离。

6. 体长 指枕骨脊至尾根的背中线距离。

7. 胸围 指肩胛后沿胸部的垂直周径。

8. 腿臀围 左侧膝关节前缘至尾窝（肛门）中点的距离×2。

三、生长育肥试验

以同胞测定方式，逐世代设置生长育肥试验，生长育肥体重阶段设定为15～75 kg，以检测生长育肥与胴体性能，观察生长速度、饲料报酬、胴体品质。

四、屠宰试验

大围子猪在75 kg左右进行屠宰，宰前空腹24 h，根据《瘦肉型猪胴体性状测定技术规范》（NY/T 825—2004）进行屠宰测定，主要胴体性状测定指标有屠宰率、瘦肉率、后腿比例、眼肌面积等。肌肉品质依据《猪肌肉品质测定技术规范》（NY/T 821—2004）规定方法执行，主要测定肉色、失水率、贮存损失、pH 等肉质指标；粗蛋白质采用流动分析仪-SealAA3（硫酸-双氧水消煮法）进行测定；粗脂肪采用脂肪抽提仪法测定；氨基酸采用岛津 L-8800 型全自动氨基酸分析仪测定；脂肪酸采用安捷伦7890A 气相色谱仪测定；K/Na 采用原子吸收仪（硫酸-双氧水消煮法）测定，Ca/MgCu/Zn 电感耦合等离子体原子发射光谱仪（硝酸-高氯酸消煮）测定。

第五节　大围子猪种质特性研究

一、生化遗传

1. 大围子猪血型研究　尹镇华等（1980）对大围子猪和宁乡猪血液进行了 2 629 次交叉凝集反应试验，确定了大围子猪和宁乡猪子猪 A、C、D 血型呈显著正相关，说明二者有亲缘关系，但二者血型分布频率差异较大。大围子猪以 F 血型为主（71.9%），宁乡猪以 A 血型为主（占 83.3%）。研究表明，虽然该两猪种存在一定血缘关系，但却是独立育成的。

2. 大围子猪和宁乡猪血清蛋白质薄膜电泳分析　彭孟德等（1980）对大

围子猪和宁乡猪血清蛋白质作了电泳分析。结果显示，大围子猪 α-球蛋白、β-球蛋白和 γ-球蛋白分别为 23.63％、13.37％和 13.56％（表 3-1）。另外还发现：①动物机体内 γ-球蛋白的含量受免疫球蛋白的影响，免疫球蛋白含量高；则 γ-球蛋白含量也高；而免疫球蛋白含量高，则身体的抗病力强；宁乡猪的 γ-球蛋白含量比大围子猪的低，因而抗病能力比大围子猪稍弱；②宁乡猪的背膘厚度和腹脂率较高，其白蛋白含量也较高；大围子猪的背膘厚度和腹脂率比宁乡猪的低，其白蛋白含量也较低（表 3-2）。

表 3-1 大围子猪和宁乡猪血清蛋白质电泳值（平均值）

| 项 目 | 白蛋白（%） | | 球蛋白（%） | | | | | |
| | | | α-球蛋白 | | β-球蛋白 | | γ-球蛋白 | |
品种	大围子猪	宁乡猪	大围子猪	宁乡猪	大围子猪	宁乡猪	大围子猪	宁乡猪
平均数	49.42	54.67	23.63	21.95	13.37	12.76	13.56	10.59
标准误差	1.52	1.67	1.08	1.18	0.68	1.10	0.85	0.91
样品数	33	33	33	33	33	33	33	33

表 3-2 大围子猪和宁乡猪白蛋白、γ-球蛋白与有关经济性状的比较

项 目	大围子猪		宁乡猪
白蛋白（%）	49.42±1.52	<	54.67±1.67
背膘厚度（cm）	3.75	<	4.56
腹脂率（%）	7.91	<	8.79
γ-球蛋白	13.56±0.82	>	10.59±0.91
抗病力	较强		较弱

3. 大围子猪血型和染色体研究　1979—1983 年，在进行《中国地方猪种种质特性》课题研究时，彭孟德等对大围子猪的血型和染色体的组型、分带进行了研究。所分析的 150 头大围子猪，其血型可分为 A、B、C 和 D 四型，其分布频率相应为 71％、1％、26％和 2％。大围子猪染色体数 $2n=38$ 的占 89.57％，染色体数异常的在 10％左右。从大围子猪染色体 G 分带、C 分带看出，带型基本稳定。但在 G 分带中的 1 号和 7 号染色体、C 分带中的 10 号染色体与国内外报道存在少量差异。

4. 大围子猪、长白猪及其杂种猪的血清蛋白电泳分析　彭孟德等（1984）对大围子猪、长白猪、杜洛克猪×大围子猪（简称"杜围"）、长白猪×大围子

猪（简称"长围"）、大约克夏猪×大围子猪（简称"约围"）的血清蛋白作了定量分析，并进行了血清蛋白含量与瘦肉率、屠宰率的相关分析。结果表明：①大围子猪和长白猪两纯种间，白蛋白、α-球蛋白和球蛋白总量差异都极显著。大围子猪的白蛋白含量极显著地高于长白猪，而α-球蛋白和球蛋白总量均极显著地低于长白猪，大围子猪与其杂种一代猪之间，大围子猪的白蛋白含量极显著高于长围猪，但与杜围猪、约围猪差异不显著；而α-球蛋白和球蛋白总量则相反，大围子猪极显著地低于长围猪，但与杜围猪、约围猪差异不显著；长白猪与其杂种一代长围猪之间，血清蛋白含量差异均不显著（表3-3）。可见，血清蛋白在猪品种之间存在差异，这可能与遗传素质的差异有关。大围子猪和长白猪遗传基础差别较大，大围子猪是肉脂兼用型，长白猪是肉用型。②血清蛋白与瘦肉率均呈弱到中等负相关，其中白蛋白含量与瘦肉率达到中等负相关（$P<0.01$），血清蛋白总量与瘦肉率达到中等负相关（$P<0.05$）（表3-4）。即血清白蛋白含量和血清蛋白总量高，瘦肉率就低。进一步深入研究它们之间的关系，有可能把血清蛋白含量作为瘦肉率的反向选择指标；血清蛋白与屠宰率均呈弱相关，似乎不能作为预测屠宰率的指标。

表3-3　5种猪血清蛋白含量（％）

组别	头数	白蛋白	α-球蛋白	β-球蛋白	γ-球蛋白	球蛋白总量
大围子猪	5	49.74±2.15[ab]	15.05±2.24[cd]	17.40±1.57	17.81±2.16	50.26±3.05[cd]
长白	11	41.10±1.97[cde]	18.69±1.24[ab]	19.56±1.73	20.69±2.21	58.90±1.17[a]
杜围	6	44.80±2.15[bc]	15.64±1.23[abc]	18.96±2.36	20.20±2.00	55.20±1.88[abc]
长围	7	42.26±1.59[cd]	18.96±1.59[a]	19.78±1.58	17.58±2.15	57.74±2.42[ab]
约围	5	52.56±3.01[a]	13.60±1.89[cde]	15.69±1.64	18.16±2.38	47.44±4.06[de]

表3-4　猪血清蛋白与瘦肉率、屠宰率的表型相关

指标	血清总蛋白	白蛋白	α-球蛋白	β-球蛋白	γ-球蛋白	球蛋白总量
瘦肉率	−0.369 6*	−0.461**	−0.317	−0.197	−0.278	−0.167
屠宰率	−0.196 9	0.124	−0.01	0.131	0.139	−0.015 7

注：* $P<0.05$，** $P<0.01$。下同。

二、繁殖性状

康顺之等（1983）对大围子猪生殖器官发育的组织学变化作了比较系统的

观察。大围子公猪发育和成熟早，出生时睾丸较重（0.5 g），曲细精管直径较长（68μ），增长速度也很快。60 日龄睾丸曲细精管管壁上，依次排列精原细胞、初级精母细胞、次级精母细胞和精子细胞；70 日龄睾丸曲细精管就开始出现精子，随后逐日增多；90 日龄就开始排出精液，这比国外中约克和巴克夏大白猪 120 日龄出现精子早 50 d（表 3-5），与国内一些成熟早的品种（嘉兴猪和枫泾猪）相一致。

表 3-5 不同日龄大围子猪睾丸和附睾的发育情况

| 日龄 (d) | 头 数 | 睾丸重（g） | | 曲细精管 | | |
		左	右	有无管腔	平均管径（μ）	精子
出生	4	0.50±0.08	0.48±0.09	无	68.3±16.2	无
30	5	3.32±0.81	3.43±0.78	无	80.4±21.4	无
45	5	4.55±1.20	4.43±1.09	2/5 个体有	91.8±23.12	无
60	5	5.94±0.82	5.86±0.72	4/5 个体有	146.2±25.5	无
75	6	16.40±5.19	15.55±4.93	均有	166.6±32.98	4/5 个体有
90	6	18.78±6.73	19.13±5.65	均有	180.2±23.12	均有
105	6	41.58±12.97	40.58±13.75	均有	227.8±33.32	均有
120	4	43.38±12.97	44.50±15.47	均有	278.8±38.08	均有
135	2	71.00±4.24	73.00±1.41	均有	—	均有
150	2	83.50±19.09	86.00±19.80	均有	—	均有

| 日龄 (d) | 头 数 | 附睾重（g） | | 附睾贮精 |
		左	右	
出生	4	0.16±0.03	0.16±0.03	无
30	5	1.04±0.21	1.08±0.22	无
45	5	1.28±0.25	1.23±0.22	无
60	5	1.63±0.46	1.60±0.42	无
75	6	3.20±1.91	3.05±1.74	2/5 个体有
90	6	4.03±1.13	3.93±1.10	4/5 个体有
105	6	9.15±1.90	8.05±1.27	均有
120	4	10.65±1.53	9.53±2.50	均有
135	2	17.25±1.06	18.00±0.71	均有
150	2	24.50±9.19	25.75±0.84	均有

120 日龄大部分大围子猪母猪卵巢出现成熟卵泡，但未见排卵现象。小母猪在 123 日龄首次表现明显发情，127 日龄左右进行第 1 次排卵，但首次发情后并不是所有母猪都能排卵（只有 40％个体），要至第 2 次发情后全部母猪才能排卵（屠宰 5 头 165 d 母猪，卵巢表面都有黄体）（表 3-6），这比国外中约克和巴克夏大白猪 256 日龄发情排卵提早 129 d，与国内嘉兴猪（120 d）、枫径猪（133.6 d）相近似。大围子猪母猪子宫角增长速度很快，在第 3 次发情后（165 d 左右），两侧子宫角平均长为 94.6 cm，210 日龄时为 122 cm（表 3-7）。

表 3-6　不同日龄大围子猪母猪卵巢发育情况

| 日龄 (d) | 头数 | 卵巢重（g） | | 初级卵泡 | 生长卵泡 | 成熟卵泡 | 红体或黄体 |
		左	右				
出生	3	0.02±0.007	0.02±0.007	占卵巢皮质全部	无	无	无
30	5	0.05±0.01	0.05±0.01	占卵巢皮质全部	出现生长卵泡	无	无
45	6	0.06±0.02	0.07±0.04	皮质部中主要成分中间杂有生长卵泡	卵泡腔明显	无	无
60	5	0.19±0.03	0.19±0.03	零散分布于生长卵泡之间	向皮质部表面移动，是皮质部中的主要成分	无	无
75	5	0.27±0.12	0.27±0.12	零散分布于生长卵泡之间	占皮质部大部分	无	无
90	6	0.68±0.38	0.68±0.46	零散分布于生长卵泡之间	突起卵巢表面	无	无
105	4	1.12±0.36	0.88±0.18	零散分布于生长卵泡之间	明显突起卵巢表面	出现分裂相	无
120	5	1.70±0.26	1.33±0.67	零散分布于生长卵泡之间	最大卵泡5.2mm	出现成熟卵泡	无
135	5	1.93±0.75	2.03±0.84	零散分布于生长卵泡之间	零散分布于黄体之间	2/5 的个体排卵	40％有
150	5	6.10±0.87	5.13±1.91	零散分布于生长卵泡之间	零散分布于黄体之间	4/5 的个体排卵	80％有
165	5	4.00±1.36	4.18±1.30	零散分布于生长卵泡之间	零散分布于黄体之间	全部排卵	100％有
180	5	5.60±1.22	6.57±2.50	零散分布于生长卵泡之间	零散分布于黄体之间	全部排卵	100％有

表 3-7 不同日龄大围子猪母猪子宫角和子宫颈体发育情况

日龄（d）	头 数	子宫角长（cm）		子宫颈体长（cm）
		左	右	
出生	3	4.47±0.75	4.23±0.64	2.07±0.12
30	5	8.00±1.73	8.42±1.73	3.24±0.59
45	6	9.32±2.09	9.25±1.08	3.42±0.69
60	5	10.73±1.11	10.48±1.49	3.40±0.58
75	5	9.08±1.56	10.72±1.26	3.67±0.29
90	6	13.86±2.45	13.86±3.49	5.64±1.06
105	6	17.81±4.08	16.91±3.08	5.47±1.75
120	4	18.83±7.55	18.75±6.44	6.88±1.93
135		35.00±10.82	35.67±12.06	10.00±3.04
150	5	40.00±26.85	40.67±28.00	10.50±2.00
165	5	98.50±31.60	90.60±31.05	14.20±2.95
180	5	97.13±24.11	88.66±18.58	14.33±4.04
210	3	124.33±18.43	120.17±18.72	20.03±5.17

三、分子遗传

1. 与大围子猪部分经济性状相关性基因的研究 2004—2005 年，刘峰和夏华强采用 RFLP 方法分析了大围子猪的组蛋白脱乙酰化酶基因、垂体转录因子 1 基因、激素敏感脂肪酶基因外显子 I 和黑皮质素受体-4 基因的遗传多态性、基因频率和基因型频率。其中，组蛋白脱乙酰化酶基因为单一的 GG型；垂体转录因子 1 基因中优势等位基因 C 的基因频率为 0.555 6；激素敏感脂肪酶基因外显子 I 存在 3 个基因型，等位基因 A 的基因频率为 0.727 2；黑皮质素受体-4 基因中只有 1 个等位基因。

2. 大围子猪肌细胞生成素基因多态性研究 马海明等（2005）采用 PCR-RFLP 方法对 86 头大围子猪的肌细胞生成素基因 3′端 353bp 侧翼序列分析，用 Msp I 酶切后，存在 AA、AB 和 BB 3 种基因型，其比例分别为 68%、27% 和 5%。

3. 湖南大围子猪内源性逆转录病毒研究 刑晓为等（2006）研究了湖南大围子猪对内源性逆转录病毒（*Porcine endogenous retrovirus*，PERV）的携带情况及病毒亚型分布。从湖南大围子猪的保种群内随机采集 42 头个体的耳样组织，应用 PCR 和 RT - PCR 技术分别检测这些组织中 PERV 前病毒 DNA 和 mRNA，并对 PCR 扩增的灵敏性进行评估，扩增、测序大围子猪的 PERV *env* 基因。结果显示，所检测的 42 头大围子猪均带有 PERV 前病毒 DNA，耳样组织中均有 PERV mRNA 表达，所有个体携带 *env - A*、*env - B* 和 *env - C* 3 种囊膜蛋白基因。大围子猪 *env - A* 和 *env - C* 与 GenBank 登录其他猪种序列（AY 288779，AY 534304）相比，分别存在 1 个和 8 个碱基差异，而 *env - B* 基因没有碱基差异。从生物安全性方面考虑，该猪种不宜作为异种移植供体。

4. 大围子猪、长白猪及其杂种猪的血清蛋白电泳分析　王燕等（2009）研究了湖南大围子猪 *SLA - DR* 基因特性，评价其在异种器官移植中是否具有应用前景。其应用 RT - PCR 扩增大围子猪 *SLA - DRA* 和 *SLA - DRB* 基因，然后插入 pUCM - T 载体，经双向测序后用 NCBI 中的 BLAST 和 ExPASY 软件进行生物信息学分析。结果显示，大围子猪 *SLA - DRA* 和 *SLA - DRB* 基因扩增片段大小分别为 1 177bp 和 909bp，均包含完整的开放阅读框，分别编码 252 个和 266 个氨基酸残基。生物信息学分析结果表明，大围子猪 *SLA - DRA* 和 *SLA - DRB* 与人 *DRA* 和 *DRB* 的氨基酸同源性分别为 82% 和 73%。*SLA DR* α 链与人 CD4 分子结合部位位于第 124~136 位氨基酸，大围子猪 *SLA - DRA* 在该结合区域与人相应的 *DRA* 存在两个氨基酸差异，即第 127 位（lle→Val）和第 136 位（Ser→Thr）；SLA DR β 链与人 CD4 分子结合部位位于第 134~148 位氨基酸，大围子猪 *SLA - DRB* 在该结合区域与人相应的 *DRB* 相比氨基酸序列完全相同。与 GenBank 已登录的许多猪种相比，*SLA - DRA* 基因同源性高达 100%，而 *SLA - DRB* 基因在各猪种之间具有很高的多态性。说明克隆的湖南大围子猪 *SLA - DRA* 和 *SLA - DRB* 基因，与人类相应的 *HLA - DRA* 和 *HLA - DRB* 基因高度同源，该猪种在免疫学特性方面具有一定的优势，提示该猪种有望作为异种移植的候选供体。

5. 猪 *Sirt*2 和 *Sirt*3 基因的表达及 SNPs 检测与肉质性状的关联分析　崔清明（2017）研究 *Sirt*2 和 *Sirt*3 基因在大围子猪和湘村黑猪内脏组织中的表达、SNPs 检测及其与肉质性状的关联分析，结果表明：①*Sirt*2 基因在大围子猪肺、心、肝和后腿肌中的表达差异显著（$P<0.05$）；在湘村黑猪心和后腿肌中的表达差异极显著（$P<0.01$），在肺、胰和肾中的表达差异显著（$P<0.05$）。对湘村黑猪和大围子猪同一组织的基因表达量分析可知，*Sirt*2 基因在

胰脏中的表达差异极显著（$P<0.01$），在肝脏中的表达差异显著（$P<0.05$）（图3-1）。②Sirt3基因在大围子猪的肺、脾和背最长肌中的表达差异显著（$P<0.05$）；在湘村黑猪中的心脏和肺中的表达差异极显著（$P<0.01$）。对湘村黑猪和大围子猪同一组织的基因表达量分析可知，Sirt3基因在肺和脾中的表达差异显著（$P<0.05$）（图3-2）。③对两猪种肉质性状的关联分析可知，Sirt2基因在第8外显子上存在一处C/T突变位点，形成CC、CT和TT 3种基因型；与大围子猪的肌肉色值、失水率和肌内脂肪之间存在差异显著性（$P<0.05$），与湘村黑猪的肌内脂肪、滴水损失和失水率之间也存在差异显著性（$P<0.05$）（表3-8）。Sirt3基因的第5外显子上存在一处A/G突变位点，形成AA、AG和GG 3种基因型；与大围子猪的滴水损失、失水率和肌内脂肪含量存在差异显著性（$P<0.05$）；但在湘村黑猪中，仅与肌肉色值这一性状存在差异显著性（$P<0.05$）（表3-9）。

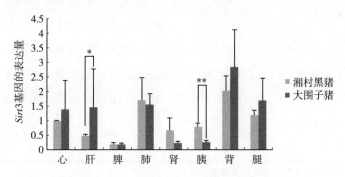

图3-1 猪 Sirt2 基因在不同组织中的表达量

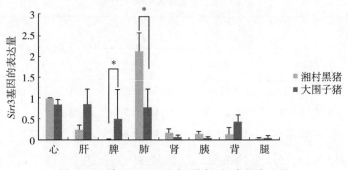

图3-2 猪 Sirt3 基因在不同组织中的表达量

表 3-8 *Sirt*2 基因突变位点不同基因型与猪肉质性状的关联分析

猪种	基因型	肉质性状（Mean±SD）				
		肌肉色值			pH	pH$_{24}$
		L	A	b		
大围子猪	CC	42.446±2.062^B	8.900±1.575	4.352±0.734	6.242±0.185	5.675±0.218
	CT	41.640±2.752^B	10.872±3.564	4.436±0.544	6.278±0.108	5.662±0.170
	TT	45.147±1.237^A	8.907±1.347	4.613±0.866	6.063±0.127	5.577±0.111
湘村黑猪	CC	41.587±3.863^B	6.006±1.143	11.584±0.867	6.243±0.176	5.853±0.126
	CT	40.330±2.821^B	6.195±1.562	11.786±0.831	6.149±0.175	5.876±0.123
	TT	37.730±2.539^A	7.160±1.208	11.290±0.799	6.300±0.177	5.680±0.201

猪种	基因型	肉质性状（Mean±SD）				
		滴水损失 24 h（%）	失水率（%）	肌内脂肪（%）	嫩度（N）	眼肌面积（cm²）
大围子猪	CC	2.279±0.410	10.108±0.773^B	3.793±0.482^B	23.642±2.625	22.666±1.776
	CT	2.202±0.277	12.632±2.995^A	3.568±0.400^A	23.620±4.534	23.130±1.886
	TT	2.743±0.754	10.240±0.889^B	3.830±1.313^B	19.767±3.850	23.496±2.333
湘村黑猪	CC	2.777±1.128^B	14.219±6.626^A	5.146±1.742	54.00±13.686	34.989±3.526
	CT	2.569±0.748^B	10.969±7.206^B	5.714±1.564	47.613±21.634	32.824±4.136
	TT	1.320±1.101^A	11.869±6.906^B	5.800±1.607	57.100±18.091	33.620±3.981

注：同列上标不同大写字母表示差异显著（$P<0.05$）。

表 3-9 *Sirt*3 基因突变位点不同基因型与猪肉质性状的关联分析

猪种	基因型	肉质性状（Mean±SD）				
		肌肉色值			pH	pH$_{24}$
		L	A	b		
大围子猪	AA	44.12±2.312	7.76±2.013	4.04±0.663	6.21±0.112	5.68±0.195
	AG	42.58±2.721	9.843±3.039	4.546±0.793	6.28±0.177	5.639±0.201
	GG	42.566±2.243	9.216±1.644	4.348±0.636	6.185±0.170	5.668±0.200
湘村黑猪	AG	38.012±3.756^A	5.932±2.077	11.416±0.683	6.33±0.114	5.916±0.133
	GG	41.668±3.526^B	5.833±1.154	11.794 8±0.859	6.109±0.235	5.796±0.155

（续）

| 猪种 | 基因型 | 肉质性状（Mean±SD） | | | | |
		滴水损失 24 h（%）	失水率 （%）	肌内脂肪 （%）	嫩度 （N）	眼肌面积 （cm²）
大围子猪	AA	3.32±0.316^A	9.98±1.102^A	5.33±0.335^A	23.6±3.521	23.635±1.785
	AG	2.335±0.368^B	11.441±2.783^B	3.564±0.348^B	21.888±2.234	23.527±1.790
	GG	2.235±0.435^B	10.333±0.832^B	3.728±0.568^B	23.855±4.155	22.357±1.788
湘村黑猪	AG	2.554±1.179	7.888±4.877	5.342±1.508	56.16±6.191	34.656±2.120
	GG	2.869±0.957	12.768±6.667	5.198±1.527	55.548±20.009	33.822±3.528

注: 1. 在检测的 30 头湘村黑猪中，只包含 AG 和 GG 2 种基因型；
    2. 同列上标不同大写字母表示差异显著（$P<0.05$）。

四、基因型与营养水平互作对大围子猪生长性能及胴体性状的影响

1. 基因型与营养互作对猪生长性能的影响　彭英林（2009）选用杜洛克、杜长大、大白×大围子（简称"大围"）及大围子 4 个品种组合（每个品种视为一个基因型）的断奶仔猪共 96 头，试验日粮设定高、中、低 3 个不同蛋白质和能量水平组合，按试验猪体重 15～30 kg、30～60 kg 和 60～90 kg 3 个阶段分别给予前期、中期、后期饲料，旨在分析猪生长性能受基因型与营养互作效应影响程度的大小。结果表明：①前期、中期和全期不同基因型日增重均以杜长大最高，杜洛克和大围次之，大围子猪最慢，高瘦肉率猪呈现最快的生长速度和最佳的饲料转化效率；同一基因型内，高水平组的猪获得快的日增重和高的饲料转化率，低水平组则反之（表 3-10 和表 3-11）。②试验前期、中期大围子猪的基因型效应对日增重的影响均达到了极显著水平，分别为 -65.53 和 -86.34，营养水平效应不明显（表 3-12）。

2. 钙蛋白酶抑制蛋白基因型与营养水平互作对猪胴体性状的影响　彭英林（2009）采用 Hinf I、Msp I、Rsa I 酶切位点研究了大围子猪、杜洛克、杜×长×大和大围钙蛋白酶抑制蛋白基因与营养水平互作对猪肉质的遗传效应，结果表明：①3 个酶切位点均存在多态性和 1 对不同的等位基因，其酶切基因型对猪肉滴水损失均存在显著效应，其中 Hinf I 酶的 AA 基因型、Msp I 酶的 CC 基因型和 Rsa I 酶的 EE 基因型均具有较低的滴水损失，通过酶切基因型的选择可以提高猪肉系水力。②在高营养水平情况下，AA 型显著降低

表3-10 试验猪15~60kg阶段生长性能

猪群	杜洛克			杜长大		
营养水平	高	中	低	高	中	低
头数	8	8	8	8	8	8
15kg点	13.09±1.72	13.27±1.49	13.17±1.28	15.04±0.63	14.68±0.51	18.02±1.12
30kg点	34.00±6.13	31.02±5.36	29.25±5.77	31.40±4.06	29.32±4.42	31.27±4.93
60kg点	60.00±4.00	59.92±3.22	60.75±3.78	62.75±1.70	59.75±2.72	58.06±3.60
前期(15~30kg) 日增重(g)	510.00±70.42	394.44±76.16	357.33±74.21	527.74±81.12	472.26±80.11	427.42±67.03
料重比	1.78	2.23	2.29	1.78	2.03	2.38
头日采食量(kg)	0.91	0.91	0.79	0.94	0.96	1.02
中期(30~60kg) 日增重(g)	634.15±33.49	578.00±33.87	463.23±27.33	729.07±25.62	707.67±34.65	623.02±41.28
料重比	2.85	3.21	3.51	2.39	2.52	2.81
头日采食量(kg)	1.81	1.85	1.63	1.91	1.79	1.75

（续）

猪群	大围			大围子猪		
营养水平	高	中	低	高	中	低
头数	8	8	8	8	8	8
15kg点	24.08±0.90	22.89±1.58	22.08±1.34	16.80±2.29	18.40±1.36	19.85±1.99
30kg点	29.55±3.60	29.31±5.31	29.26±4.49	31.02±3.73	30.61±2.45	31.80±4.71
60kg点	57.81±2.83	56.78±3.43	56.75±3.79	60.94±2.44	58.80±3.14	59.75±2.63
前期(15~30kg) 日增重(g)	420.77±65.51	401.25±64.29	398.89±65.00	384.32±59.18	330.00±56.47	322.97±44.76
料重比	2.85	2.91	2.97	2.29	2.34	2.58
头日采食量(kg)	1.2	1.03	0.98	1.02	1.04	1.14
中期(30~60kg) 日增重(g)	642.27±36.13	624.32±40.97	624.77±30.52	534.29±39.43	503.39±27.25	495.89±28.91
料重比	2.64	2.58	3.52	4.21	4.18	4.40
头日采食量(kg)	1.69	1.62	1.68	1.82	1.79	1.75

表 3-11 试验猪全期阶段生长性能统计

项 目	杜洛克			杜长大		
	高	中	低	高	中	低
头数	8	8	8	8	8	8
始重 (kg)	34.00±6.13	31.02±5.36	29.25±5.77	31.40±4.06	29.32±4.42	31.27±4.93
终重 (kg)	60.00±4.00	59.92±3.22	60.75±3.78	62.75±1.70	59.75±2.72	58.06±3.60
增重 (kg)	26.00±4.39	28.90±4.58	31.50±5.09	31.35±2.42	30.43±3.29	26.79±3.34
日增重 (g)	634.15±33.49	578.00±33.87	463.23±27.33	729.07±25.62	707.67±34.65	623.02±41.28
料重比	2.85	3.21	3.51	2.39	2.52	2.81
头日采食量 (kg)	1.81	1.85	1.63	1.91	1.79	1.75

项 目	大围			大围子猪		
	高	中	低	高	中	低
头数	8	8	8	8	8	8
始重 (kg)	29.55±3.60	29.31±5.31	29.26±4.49	31.02±3.73	30.61±2.45	31.80±4.71
终重 (kg)	57.81±2.83	56.78±3.43	56.75±3.79	60.94±2.44	58.8±3.14	59.57±2.63
增重 (kg)	28.26±3.92	27.47±4.44	27.49±4.62	29.92±6.48	28.19±5.64	27.77±6.66
日增重 (g)	642.27±36.13	624.32±40.97	624.77±30.52	534.29±39.43	503.39±27.25	495.89±28.91
料重比	2.64	2.58	3.52	4.21	4.18	4.40
头日采食量 (kg)	1.69	1.62	1.68	1.82	1.79	1.75

表 3-12　基因型与营养互作对试验猪生长性能影响

项　目	前期 (15～30 kg)			中期 (30～60 kg)		
	始重	末重	日增重	始重	末重	日增重
均数 (μ)	17.69	30.57	412.30	30.57	59.49	596.15
不同基因型效应						
杜洛克	−4.31**	0.72	8.88	1.22**	0.34	−38.60
杜长大	−0.54	0.59	63.20**	0.09	0.21	90.15**
大围	3.93**	−0.42	−6.55	−1.92**	−0.92	34.79
大围子	0.91	−0.89	−65.53**	0.61	0.37	−86.34**
不同营养水平效应						
高	−1.29**	0.21	19.41	0.21	−2.81	−17.38
中	0.29	0.99	−42.74	−1.20	1.05	7.14
低	1.00	−1.20	23.33	0.99**	1.75	10.24
基因型×营养水平的互作效应						
杜洛克×高	1.68	2.37*	58.67	2.37**	−1.42	−40.79
杜洛克×中	−0.40	0.80	21.62*	0.80	−5.34	−52.02
杜洛克×低	−1.27	−3.16*	−80.28**	−3.16**	−5.23*	−137.76**
杜长大×高	−0.85	0.91	99.72*	0.91	9.25*	126.91**
杜长大×中	−2.57	0.24	102.37*	0.24	2.39	54.00
杜长大×低	0.00	0.00	0.00	0.00	0.00	0.00
大围×高	3.56**	1.07	72.65	1.07	1.63	24.12
大围×中	1.13	2.23*	47.18	2.23**	−1.27	25.54
大围×低	0.00	0.00	0.00	0.00	0.00	0.00
大围子×高	0.00	0.00	0.00	0.00	0.00	0.00
大围子×中	0.00	0.00	0.00	0.00	0.00	0.00
大围子×低	0.00	0.00	0.00	0.00	0.00	0.00

　　注：** $P<0.01$，* $P<0.05$。

熟肉率和滴水损失；AB 型显著降低胴体长和眼肌面积，提高肌肉的滴水损失；CD 型则对所有性状均表现显著的互作效应（$P<0.01$）；EF 型对多个性状产生显著的效应，其中对屠宰率、背膘厚、胴体长、瘦肉率、熟肉率和滴水损失的效应达到或超过群体均数的 10%（$P<0.05$）。在中等营养水平情况下，AA 型能显著提高滴水损失；AB 型能显著降低屠宰率、背膘和熟肉率，提高

腿臀比例和瘦肉率；CC型仅具有提高滴水损失的作用（$P<0.05$）；EE型则对背膘厚产生显著的正效应（$P<0.05$）。在低营养水平情况下，AA型能显著降低滴水损失，EE型能降低熟肉率。可见，营养水平与基因型之间的互作对胴体品质确实产生了显著的影响。

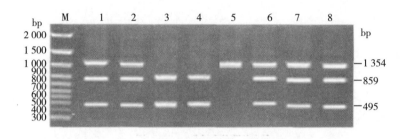

图3-3　*Hinf* Ⅰ酶切产物凝胶电泳图谱

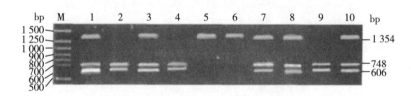

图3-4　*Msp* Ⅰ酶切产物凝胶电泳图谱

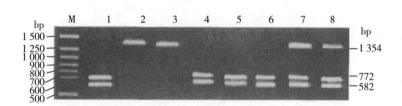

图3-5　*Rsa* Ⅰ酶切产物凝胶电泳图谱

表3-13　*Hinf* Ⅰ酶切基因型与营养水平互作对主要肉质性状的效应

项目	头数	屠宰率（%）	腿臀比例（%）	背膘厚（cm）	胴体长（cm）	眼肌面积（cm²）	瘦肉率（%）	失水力（%）	熟肉率（%）	滴水损失（%）	肌内脂肪（%）
均数(μ)	96	73.95	31.38	1.86	79.66	32.10	57.90	10.01	62.33	0.76	3.58
基因型效应											
AA	22	−0.44	0.38	−0.32	−1.93	−1.93	3.61	1.48*	0.75	−0.02	−0.31

（续）

项目	头数	屠宰率(%)	腿臀比例(%)	背膘厚(cm)	胴体长(cm)	眼肌面积(cm²)	瘦肉率(%)	失水力(%)	熟肉率(%)	滴水损失(%)	肌内脂肪(%)
AB	39	1.46*	−0.55	0.28	2.76**	2.76**	−3.94*	−1.41	0.02	−0.10*	0.29
BB	35	−1.03	0.17	0.04	−0.83	−0.83	0.33	−0.07	−0.77	0.12*	0.02
基因型×营养水平组互作效应											
AA×高	7	−0.76	−0.63	0.75	2.14	2.14	−3.24	−0.39	−4.41*	−0.10*	−0.16
AA×中	8	3.21	−0.31	0.43	6.25	6.25	−3.07	−4.34**	1.86	0.44*	−3.09
AA×低	7	1.02	−0.39	−0.07	−2.71	−2.71	−5.80	3.12	7.02	−0.72*	4.44
AB×高	13	−1.09	−0.16	−0.03	−4.15*	−4.15*	3.65	1.01	−0.98	0.25**	−0.98
AB×中	14	−2.37*	1.49*	−1.08**	−1.53	−1.53	8.46*	0.60	−3.49**	0.13	−0.21

注：** $P<0.01$，* $P<0.05$

表3-14 *Msp*Ⅰ酶切基因型与营养水平互作对主要肉质性状的效应

项目	头数	屠宰率(%)	腿臀比例(%)	背膘厚(cm)	胴体长(cm)	眼肌面积(cm²)	瘦肉率(%)	熟肉率(%)	滴水损失(%)	肌内脂肪(%)
均数(μ)	96	73.18	30.94	1.85	79.78	32.03	57.98	60.77	0.79	3.47
基因型效应										
CC	25	21.80	4.09	1.52	24.72	25.23	20.27	3.13	−0.50*	−2.07
CD	45	0.00	0.00	0.00	0.00	0.00	0.00	0.00	0.00	0.00
DD	26	−21.80	−4.09	−1.52	−24.72	−25.23	−20.27	−3.13	0.50*	2.07
基因型×营养水平组互作效应										
CC×高	8	26.00	3.70	1.92	26.40	24.01	20.33	0.31	−0.11	−2.01
CC×中	9	−39.05	−8.24	−3.43	−45.98	−48.73	−38.49	−7.56	0.86*	4.05
CC×低	8	−44.69	−8.76	−2.61	−47.42	−46.82	−41.55	−4.58	0.04	3.64
CD×高	13	44.52**	9.20**	3.53**	51.44**	55.01**	43.80**	6.97**	−0.44*	−4.39**
CD×中	15	−25.43	−4.28	−1.74	−26.87	−24.75	−20.63	−5.57	0.48	2.05
CD×低	17	−24.04	−4.63	−1.84	−32.90	−33.50	−26.57	−0.63		2.45
DD×高	9	62.69	13.01	4.17	75.34	74.78	63.11	11.05	−0.89	−5.80

表3-15　*Rsa*Ⅰ酶切基因型与营养水平互作对主要肉质性状的效应

项目	头数	屠宰率（%）	腿臀比例（%）	背膘厚（cm）	胴体长（cm）	眼肌面积（cm²）	瘦肉率（%）	熟肉率（%）	滴水损失（%）	肌内脂肪（%）
均数（μ）	96	74.69	31.34	1.96	80.16	31.60	57.85	61.50	0.79	3.57
基因型效应										
EE	39	−9.60**	−0.19	−0.33*	4.64*	2.35	3.49	1.83	−0.37*	0.07
EF	42	6.06*	0.22	0.25	−7.39**	−2.20	−3.48	−2.15*	0.55**	−0.13
FF	15	3.54	−0.03	0.07	2.75	−0.15	−0.01	0.33	−0.18	0.06
基因型×营养水平组互作效应										
EE×高	13	2.38	0.05	0.00	−3.38	0.60	−0.24	2.30	0.28	0.14
EE×中	12	9.09	−0.33	0.82*	−7.16	−1.82	−6.49	−2.07	0.33	−0.41
EE×低	14	12.03	0.02	−0.44	−6.33	−6.56	−3.45	−6.49*	0.70	−0.31
EF×高	15	−12.78**	0.11	−0.44*	9.34**	6.19	6.76*	5.99**	−0.64**	0.34
EF×中	13	−10.72	0.15	0.05	7.54	1.59	3.43	0.28	−0.67	0.23

五、杂交利用

据1979—1981年湖南省畜牧兽医研究所龚克勤，选用长白、中约克等品种公猪与大围子猪进行杂交试验，长围、中围等二元组合的产仔数、初生窝重、20日龄窝重、60日龄窝重、日增重性状指标分别为12.37头、12.09头；10.52kg、9.65kg；35.98kg、35.42kg；123.41kg、126.22kg；502g、436g（表3-16和表3-17），产仔数、初生窝重、20日龄窝重、60日龄窝重、日增重等性状的双亲杂种优势分别为5.66%、6.69%；−5.45%、−6.24%；−9.75%、−12.71%；0.05%、0.49%；26.37%、6.13%。

表3-16　不同组合的繁殖性能比较

组合	窝数	产仔数（头）	初生窝重（kg）	20日龄窝重（kg）	60日龄窝重（kg）
大围子猪	6	11.83	8.24	31.38	96.09
长白	7	11.43	13.61	47.14	146.72
中约克	9	11.00	11.66	46.71	145.28
长围	8	12.37	10.52	35.98	123.41
中围	11	12.09	9.65	35.42	126.22

表3-17　不同组合的育肥性能

项目	饲养头数	试验天数（d）	始重（kg）	末重（kg）	日增重（g）
大围子猪	6	177	14.15±1.11	76.50±3.83	352±16
长　白	6	156	19.98±0.69	87.92±6.15	436±40
中约克	6	152	16.88±0.27	85.29±1.87	450±12
长　围	6	143	17.40±0.50	89.17±2.00	502±15
中　围	6	156	17.04±0.78	85.00±3.86	436±21

2003年长沙县大围子种猪场李正双以湘黄（杜洛克×皮特兰的培育猪种）、杜洛克、英系大白和丹系长白猪种与大围子猪杂交，进行了黄围、杜围、大围和长围4个组合的比较试验。结果表明，大围子猪与现代外来良种猪杂交后，均具有较强的配合力（表3-18）。

表3-18　大围子猪与引进品种杂交组合的性状

组　合		黄　围	杜　围	长　围	大　围
仔数（头）	产仔数	14.12	13.62	13.29	13.54
	活仔数	12.75	12.27	12.12	12.06
	60日龄育成	11.76	10.98	11.02	10.82
窝重（kg）	初生	11.73	10.55	10.79	11.46
	20日龄	58.35	52.57	48.39	50.38
	60日龄	190.63	173.7	166.51	174.09
体重（kg）	始重	24.66	24.73	24.39	25.12
	末重	90.69	88.96	89.75	91.03
全期日增重（g）		579.21	539.75	502.77	507
料重比		3.48∶1	3.56∶1	3.63∶1	3.71∶1
瘦肉率（%）		55.94	54.94	54.72	53.69

由于当地群众喜爱以大围子母猪与瘦肉猪引进品种杂交，因此长沙县引进品种有杜洛克、大约克和长白。与这些外来良种公猪进行经济杂交的大围子猪母猪有6 000头、大围子猪杂种母猪有4.42万头，分别占全县年生产母猪总数的4.73%和34.23%；而保护在天心区大托镇，长沙县双江镇、金井镇和暮云镇，以及望城县高塘岭镇和茶亭镇保种区的140多头保种核心群母猪则始终保持纯繁，未进入杂交生产体系。

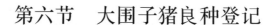

第六节　大围子猪良种登记

一、登记内容

包括大围子猪的系谱、生长发育、繁殖性能、胴体性状、肉质性状等方面的信息。

二、登记符合的基本条件

主要是符合本品种特征，系谱记录完整，个体标识清楚。

三、登记项目

1. 基本信息

（1）大围子猪所在保种场和保护区（含户主）的名称、地址、邮编等信息。

（2）大围子猪个体出生日期、个体号、耳缺号、性别、初生重、乳头数、遗传损征等基本信息。

2. 系谱信息　登记个体的父母代、祖代及曾祖代三代系谱信息。

3. 生长性能　登记个体断奶重、断奶日龄；120～180日龄内某一日龄的个体重、体尺及其具体测定日龄；成年体重和体尺。体尺登记内容包括体长、体高、背高、胸围、胸深、腹围、管围、腿臀围等。成年公猪测定时间为22～26月龄，成年母猪的测定时间指三胎、怀孕2个月。

4. 繁殖性能　登记母猪产仔胎次、总产仔数、产活仔数，以及仔猪寄养情况、断奶日龄、断奶窝重、断奶仔猪数等。

采用人工授精的登记公猪的采精信息，包括采精日期、采精次数、采精量、精子密度、精子活力、精子畸形率等。

5. 育肥性能及胴体与肉质　每3年至少进行一次育肥与屠宰试验，测定并登记育肥期大围子猪的日增重、料重比、胴体与肉质指标，同时记录育肥试验的饲料营养指标。每次育肥测定不少于30头，不少于3栏进行饲养；每次屠宰测定不少于10头，公（阉）母各半。其中，测定办法依照《种猪生产性能测定规程》（NY/T 822—2004）和《猪肌肉品质测定技术规范》（NY/T 821—2004）。

第四章
大围子猪品种繁育

第一节　大围子猪生殖生理

一、公猪生殖生理

（一）公猪生殖器官

大围子猪公猪的生殖器官大体可分为四部分：①性腺，即睾丸；②生殖管道，即附睾、输精管和尿生殖道；③副性腺，即精囊腺、前列腺和尿道球腺；④外生殖器官或交配器，即阴茎、包皮和阴囊（图4-1）。

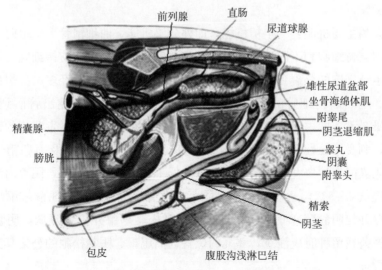

图4-1　大围子猪公猪生殖器官

1. **睾丸**　睾丸是具有内、外分泌双重机能的性腺，为长的卵圆形，睾丸的长轴倾斜，前低后高。睾丸分散在阴囊的两个腔内。在胎儿期的一定时期，睾丸才由腹腔下降入阴囊内。成年公猪有时一侧或两侧睾丸并未下降入阴囊，此称为隐睾。隐睾睾丸的分泌机能虽未受到损害，但睾丸对一定温度的特殊要求不能得到满足，从而影响生殖机能。例如，双侧隐睾的公猪虽多少有些性欲，但无生殖能力。

睾丸的表面被以浆膜，其下为由致密结缔组织构成的白膜。从睾丸和附睾头相接触一端，有一结缔组织索伸向睾丸实质，构成睾丸纵隔；由它向四周发出许多放射状结缔组织直达白膜，称为中隔。它将睾丸实质分成许多（100～300 个）锥体形的小叶，称为睾丸小叶。小叶尖端朝向睾丸中央，每个小叶由 2～3 条非常细而弯的曲精细管构成。曲精细管直径为 0.1～0.3 mm，管腔直径为 0.08 mm，腔内充满液体。曲精细管在各小叶的尖端先各自汇合成直精细管，穿入睾丸纵隔结缔组织内，形成弯曲的导管网，叫睾丸网；最后由睾丸网分出 10～30 条睾丸输出管，形成附睾头。

精细管的管壁由结缔组织纤维、基膜、复层的生殖上皮等构成。上皮的生殖细胞因发生时期和形态不同而各有差异，支持细胞位于密集的生殖细胞中，支持和营养生殖细胞。在小叶内，精细管之间有疏松结缔组织，内含血管、淋巴管、神经和分散的细胞群。后者称间质细胞，细胞近乎椭圆形，核大而圆，分泌雄激素。

睾丸的主要机能：①生精机能，即外分泌机能。曲细精管上皮由两类细胞构成，即支持细胞和不同类型的生精细胞。生精细胞依附在支持细胞上，支持细胞对生精细胞的分裂和演变起支持和营养作用，生精细胞经多次分裂最后形成精子。精子随精细管的液流输出，经直细管、睾丸网、输出管而到附睾。②分泌雄激素，即内分泌机能。间质细胞分泌的雄性激素能激发公猪的性欲及性兴奋，刺激第二性征、阴茎及附睾发育，维持精子的发生及附睾精子的存活。③阴囊能保护睾丸和调节与维持睾丸低于体温的一定温度，阴囊内温度一般比体温低 4～5℃，这对于生精机能至关重要。气温低时，阴囊皱缩，睾丸靠近腹壁并使阴囊壁变厚；气温高时，阴囊松驰，睾丸位置降低，阴囊壁变薄。选择公猪留种时应注意，睾丸的位置远离尾根、阴囊松驰的公猪其抗热应激能力较强。

2. **生殖管道**　主要由附睾、输精管和尿生殖道组成。

（1）附睾

①组成 附睾附着于睾丸的附着缘，分为附睾头、附睾体和附睾尾3个部分。附睾头由睾丸输出管构成。附睾体是由一条长达数千米的附睾管盘曲而成。附睾尾由附睾管口径增大处逐渐延续至输精管。附睾管壁很薄，其上皮细胞具有分泌作用，分泌物呈弱酸性，同时具有纤毛，能向附睾尾方向摆动，以推动精子移行。附睾管的管壁包围一层环状平滑肌，尾部很发达，有助于收缩时排出浓密的精子。

②机能

A. 精子最后成熟的地方 睾丸曲精细管生产的精子，刚进入附睾头时形态尚未发育完全，此时活动微弱，没有受精能力。通过附睾管时，附睾管分泌的磷脂及蛋白质裹在精子的表面，形成脂蛋白膜，将精子包起来，在一定程度上防止精子膨胀，同时也能抵抗外部环境对精子造成的不良影响。精子通过附睾管时，获得负电荷，可以防止彼此相互凝集。

B. 贮存精子 在附睾内贮存的精子，60 d 内具有受精能力。如贮存过久，则活力降低，畸形及死精子数增加，最后死亡被吸收。因此，对长期不配种或不采精的公畜，第一、二次采集的精液中，会有较多衰弱和死亡的精子；反之，如果配种或采精过频，则会出现发育不成熟的精子，故要求掌握好配种或采精频率。精子能在附睾内长期贮存的原因尚不完全清楚，但一般认为，这是由于附睾管上皮的分泌作用能供给精子发育所需的养分；附睾内为弱酸性（pH 为6.2～6.8），可抑制精子活动；附睾管内的渗透压高，精子发生脱水现象，导致精子缺乏活动所需的最低限度的水分，故不能运动；附睾的温度也较低。这些因素可使精子处于休眠状态，减少能量消耗，从而为精子的长期贮存创造条件。

C. 吸收作用 附睾头及附睾体可吸收来自睾丸的稀薄精子悬浮液。

D. 运输作用 精子在附睾内不能活动，主要靠纤毛上皮的活动，以及附睾管壁平滑肌的蠕动作用才能通过附睾管。

（2）输精管 输精管是由附睾管延伸而来，沿腹股沟管到腹腔，折向后方进入盆腔。输精管是一条壁很厚的管道，主要功能是将精子从附睾尾部运送到尿道。输精管的开始部分弯曲，后即变直，到输精管的末端逐渐形成膨大部，称为输精管壶腹，其壁内含有丰富的分泌细胞，在射精时具有分泌作用。输精管在接近膀胱括约肌处，通过一个裂口进入尿道。输精管的肌层较厚，公、母猪交配时收缩力较强，能将精子排出并送至入尿生殖道内。

（3）尿生殖道 尿生殖道是尿和精液排出的共同管道，分为骨盆部和阴茎部两部分。从输精管来的浓稠精液和各副性腺腺体的分泌物在此混合。

3. 副性腺　副性腺包括精囊腺、前列腺和尿道球腺。射精时，它们的分泌物与输精管壶腹的分泌物混合在一起称为精清，与精子共同组成精液。

（1）精囊腺　位于输精管末端的外侧，呈蝶形覆盖于尿生殖道骨盆部前端。分泌物为弱碱性、黏稠的胶状物质，并含有高浓度的球蛋白、柠檬酸、酶及高含量还原性物质（维生素C等）；其分泌物中的糖蛋白为去能因子，能抑制顶体活动，延长精子的受精能力。主要生理作用是提高精子活动所需能源（果糖），刺激精子运动，其胶状物质能在阴道内形成栓塞，防止精液倒流。

（2）前列腺　位于精囊腺的后方，由体部和扩散部组成。体部为分叶明显的表面部分，扩散部位于尿道海绵体和尿道肌之间。其分泌物为无色、透明的液体，呈碱性，有特殊的臭味，并含有果糖、蛋白质、氨基酸及大量的酶（糖酵解酶、核酸酶、核苷酸酶、溶酶体酶等），对精子的代谢起一定作用；含有抗精子凝集素的结合蛋白，能防止精子头部互相凝集；另外，还含有钾、钠、钙的柠檬酸盐和氯化物。生理作用是中和阴道酸性分泌物，吸收精子排出的二氧化碳，促进精子运动。

（3）尿道球腺　位于尿生殖道骨盆部后端，是成对的球状腺体。大围子猪的尿道球腺特别发达，呈棒状。分泌物为无色、清亮的液体，pH 为 7.5～8.5。生理作用是在射精前冲洗尿生殖道内的残留尿液，进入阴道后中和阴道酸性分泌物。

4. 外生殖器官　主要由阴茎和包皮组成。

（1）阴茎　阴茎是公猪的交配器官，分阴茎根、阴茎体和阴茎头 3 个部分。大围子猪的阴茎较细，在阴囊前形成S状弯曲；龟头呈螺旋状，上有一浅沟。阴茎勃起时，S状弯曲即伸直。

（2）包皮　包皮是由皮肤凹陷而发育成的皮肤褶。阴茎不勃起时，阴茎头位于包皮腔内。公猪的包皮腔很长，有一憩室，内有异味的液体和包皮垢。采精前一定要排出包皮内的积尿，并对包皮部进行彻底清洁。在选留公猪时应注意，包皮过长的公猪不要留作种用。

（二）精子与精液

1. 精子的发生　精子的发生以精原细胞为起点，在精细管内由精原细胞经精母细胞到精子细胞的分化过程称为精子的发生。精子细胞在睾丸精细管内变态的过程称为精子的形成。

（1）精原细胞的增殖　精原细胞位于睾丸精细管上皮的最外层，直接与精细管的基底膜相接触。精原细胞分为 A 型精原细胞、中间型精原细胞和 B 型精原细胞，通过有丝分裂不断增殖。A 型精原细胞部分进入精子发生序列，形成精母细胞，部分形成干细胞。

（2）精母细胞的减数分裂　B 型精原细胞经有丝分裂，形成初级精母细胞，位于精细管管腔的内侧。初级精母细胞经第一次减数分裂，形成两个次级精母细胞。次级精母细胞经历的时间很短，很快进行第二次减数分裂。一个次级精母细胞形成两个精子细胞。

（3）精子的形成　精子细胞形成后不再分裂，而在支持细胞的顶端、靠近管腔处，经复杂的形态变化，形成蝌蚪状的精子。精子细胞的高尔基体形成精子的顶体系统，线粒体形成线粒体鞘，细胞质形成原生质滴（后脱落）。

（4）支持细胞　支持细胞又称为足细胞，对精子的形成具有重要的生理作用：①支持作用；②营养作用；③精子变形；④分泌雄激素结合蛋白；⑤清除作用（吞噬作用）；⑥形成完整的血睾屏障；⑦合成抑制素；⑧分泌睾丸液。

2. 精子的形态结构　猪的精子主要由头、颈和尾三部分构成。

（1）头部　精子的头部呈扁卵圆形，主要由细胞核构成，其中主要含有核蛋白、DNA、RNA、钾、钙、磷酸盐等。核的前面被顶体覆盖，顶体是一双层薄膜囊，内含精子中性蛋白酶、透明质酸酶、ATP 酶、酸性磷酸酶等，都与受精过程有关。顶体是一个相当不稳定的部分，容易变性而从头部脱落。顶体受损后，精子就不再具有受精力。因此，在进行精液稀释处理时应尽可能避免温度、pH 及渗透压变化，因为这些都会损伤顶体。

（2）颈部　精子颈部是连接精子头部和尾部的部分，呈短圆柱状。颈部前端有一凸起的基板与核后端的植入窝相嵌合。基板以后是由中心小体发生而来的近端中心粒，为短圆筒形，与精子尾部长轴呈微斜或垂直排列。远端中心粒变为基体，由它发出精子尾部的轴丝。基板向后延伸，在外周形成 9 条纵行粗纤维，构成尾部轴丝外面的纤维带。

（3）尾部　精子的尾部又分为中段、主段和末段 3 个部分。中段由颈部延伸而成，其中纤丝由线粒体变成螺旋状线粒体环绕；主段是尾的最长部分，没有线粒体的变形物；末段较短，纤维鞘消失，结构仅由纤丝及外面的精子膜组成。

精子的尾部是精子运动的动力所在。精子的运动不仅使精子从子宫颈到达输卵管，而且在受精过程中能推动精子头部进入卵子，不动的精子不具备受精能力。精子天生尾部异常是遗传缺陷的结果，表现为卷曲、双尾和线尾。不动的精子可能由于不当的处理和保存造成的，尾部弯曲常常由温度或 pH 的突然变化所致。当精子受到机械应激或渗透压变化时，也会导致头部和尾部断裂。

3. 公猪的精液特性　公猪的精液主要由精子、精清和胶质组成，其一次射精量一般为 150～500 mL，含精子（2.5～3.5）×10^8 个/mL，每次射精的总精子数为（40～50）×10^9 个。健康公猪射出的精液应为乳白色或灰白色，有较强的气味，显微镜下的新鲜精液呈云雾状。公猪的精液量与体尺没有明显相关，但总精子数与睾丸大小有关，睾丸大则总精子数一般也较多。公猪精液的数量和品质受很多因素的影响，如品种、年龄、气候、采精方法、营养、体况、采精、交配频率等。交配或采精频率高时，精液量下降，未成熟精子的比率上升，精液品质下降。高温季节公猪的精液量及品质下降较寒冷时的快，说明公猪对高温更敏感。

二、母猪生殖生理

（一）母猪生殖器官

大围子猪母猪的生殖器官主要包括：①卵巢；②生殖道，包括输卵管、子宫、阴道，也称为内生殖器；③外生殖器，是母猪的交配器官，包括尿生殖前庭、阴唇和阴蒂；④副性腺，主要指位于母猪子宫颈及阴道内的一些腺体（图 4 - 2）。

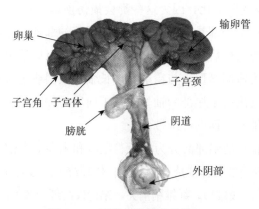

图 4 - 2　母猪生殖器官的位置

1. 卵巢　大围子猪的卵巢形态、体积及位置因年龄、胎次不同而有很大的变化。断奶的仔猪其卵巢为长圆形的小扁豆状，而接近初情期时卵巢长度可达 3 cm，且表面出现很多小卵泡，似桑葚。初情期开始后，在发情期的不同时间出现的卵泡、红体或黄体，突出于卵巢表面。

2. 生殖道

（1）输卵管　输卵管位于输卵管系膜内，是卵子受精和卵子进入子宫的必经通道。它主要由以下 3 部分构成：

①漏斗部　管道前端接近卵巢，并扩大成为漏斗，其边缘有很多突出呈瓣状，叫做伞，伞的前部附着在卵巢上。

②壶腹部　是卵子受精的地方，位于管道靠近卵巢端的 1/3 处，膨大，沿着壶腹向输卵管漏斗方向可以找到输卵管腹腔孔，称为壶腹峡接合处。

③宫管峡接合处　沿壶腹部向子宫角方向输卵管变细，后端与子宫角相通。

（2）子宫　母猪为双子宫角型子宫，即子宫角长可达 1～1.5 m，而子宫体长 3～5 cm。子宫角长而弯曲，管壁较厚，直径为 1.5～3 cm。子宫颈较长 10～18 cm，内壁上有左右两排相互交错的皱褶，中部较大，靠近子宫内外口的较小，子宫颈后端逐渐过渡为阴道，没有明显的阴道部。因此，当母猪发情时，子宫颈口开放，精液可以直接射入母猪的子宫内。因此，猪被称为子宫射精型动物。

（3）阴道　阴道长约 10 cm，除有环状肌以外，还有一层薄的纵行肌。

3. 外生殖器

（1）尿生殖前庭　为由阴瓣至阴门裂的一段短管，是生殖道和尿道共同的管道。前端底部中线上有尿道外口，从外口至阴唇下角的长度为 5～8 cm。前庭分布大量腺体，称为前庭大腺，相当于公猪的尿道球腺，是母猪重要的副性腺，其分泌的黏液有滑润阴门的作用，有利于母猪与公猪进行交配。

（2）阴唇　构成阴门的两个侧壁，中间的裂缝称为阴门裂，阴唇的上、下两端部分别相连，构成阴门的上和下两角。阴唇附有阴门缩肌。

（3）阴蒂　主要由海绵组织构成，母猪的阴蒂海绵体相当于公猪的阴茎海绵体，阴蒂头相当于阴茎的龟头，其见于阴门下角内。

（二）母猪发情

1. 初情期　初情期是指正常的大围子猪青年母猪达到第一次发情排卵时

的月龄。这个时期的最大特点是母猪下丘脑-垂体-性腺轴的正、负反馈机制基本建立。在接近初情期时，卵泡生长速度加剧，卵泡内膜细胞合成并分泌较多的雌激素。其水平不断提高，并最终达到引起促黄体素（luteinizing hormone，LH）排卵峰所需要的阈值，并使雌激素对下丘脑产生正反馈，引起下丘脑大量分泌 GnRH 并作用于垂体前叶，导致 LH 急剧大量分泌，形成排卵所需要的 LH 峰。与此同时，大量雌激素与少量由肾上腺分泌的孕酮协同作用，使母猪表现出发情行为。大围子猪母猪排卵后，雌激素对下丘脑的反馈重新转为负反馈调节，从而保证体内生殖激素的变化与行为学上的变化协调一致。

大围子猪母猪的初情期一般为 5～8 月龄，平均为 7 个月，但我国的一些地方品种可以早到 3 月龄。母猪到达初情期时已经初步具备了繁殖能力，但由于下丘脑-垂体-性腺轴的反馈系统不够稳定，表现为初情期后的几个发情周期往往时间变化较大，同时母猪身体发育还未成熟，体重为成年体重的 60%～70%。如果此时配种，可能会导致母体负担加重，不仅窝产仔数少，初生重低，同时还可能影响母猪今后的繁殖。因此，不应在此时配种。

影响猪初情期到来的因素有很多，但最主要的有两个：一是遗传因素，主要表现在品种上，一般体型小的品种较体型大的品种到达初情期的年龄早，近交推迟初情期，而杂交则提早初情期。二是管理方式，如果一群母猪在接近初情期与一头性成熟的公猪接触，则可以使初情期提早。此外，营养状况、舍饲、猪群大小和季节都对初情期有影响。例如，母猪初情期一般在春季和夏季，母猪初情期比秋季和冬季来得早。我国的地方品种初情期普遍早于引进品种，因此在管理上要有所区别。

2. 适配年龄　如何在保证不影响猪正常身体发育的前提下，获得初配后较高的妊娠率及产仔数，就必须要选择好初次配种的时间。从生产角度来说的，最佳配种时间被称为适配年龄。由于初情期受品种、管理方式等诸多因素的影响而出现较大的差异，因此一般以初情期后隔一个或两个情期配种为宜，即初情期后 1.5～2 个月时的年龄称为适配年龄。配种过晚，尽管有利于提高窝产仔数，但母猪空怀时间长，从经济上考虑是不划算的。

3. 发情周期　母猪性成熟后就开始发情，从这次发情到下次发情开始的间隔时间称为发情周期。发情周期一般为 18～23 d，平均 21 d，每次发情的持续时间为 3～5 d，青年母猪（后备母猪）的发情时间比成年母猪（经产母猪）

持续的长。

母猪发情的外部特征主要表现在行为和阴部的变化上，一个发情周期包括以下几个时期：

（1）发情前期　发情前期的特征是阴门肿胀、变红，前庭充血，子宫颈和阴道分泌水样物质。此时，母猪表现不安，食欲减退，好斗。如果附近有公猪，则母猪会主动接近。

（2）发情期　指进入接受交配的时期。母猪发情持续 40～70 h，排卵发生在该时期的后 1/3 时间，大约持续 6 h。交配过的母猪比初次交配的母猪大约提早 4 h 排卵。此时，母猪食欲显著下降，甚至不吃，在圈内走动，时起时卧，爬墙、拱地、跳栏，允许公猪接近和爬跨。用手按母猪腰部，则其静立不动，这种反应称为"静立反应"或"压背反应"。阴唇黏膜呈紫红色，黏液多而浓。

（3）发情后期　发生在静立反应之后，排卵通常于发情结束或发情后期开始。排卵后，卵巢腔里充满血块，黄体细胞开始快速生长，是黄体的形成和发育阶段。此期即使黄体还没有完全形成，但卵泡腔里的黄体细胞也已开始产生孕酮。此时母猪变得安静，喜欢躺卧，阴户肿胀减退，食欲逐渐恢复正常，拒绝公猪爬跨。

此期排出的卵子被输卵管接受并运送到子宫-输卵管结合部，受精发生在壶腹部。如果没有受精，则卵子开始退化。受精卵和未受精卵一般在排卵后 3～4 d 都进入子宫。

（4）休情期　是母猪发情周期持续最长的一个时期，也是黄体发挥功能的时期。这时黄体发育成一个有功能的器官，产生大量的孕酮及一些雌激素进入身体循环，作用于乳腺发育和子宫生长。子宫内层细胞生长，腺体细胞分泌一种稀的黏性物质——滋养合子（即受精卵）。如果合子到达子宫，则黄体在整个妊娠期继续存在；如果卵子没有受精，则黄体的功能只保持 16 d 左右，届时一种叫黄体素的前列腺素致使黄体退化，以便为新的发情周期做准备。第 17 天后，促卵泡素和促黄体素释放，导致卵泡生长和雌激素水平上升。

4. 发情鉴定　发情鉴定的目的是为了预测母猪的排卵时间，并根据排卵时间而准确确定输精时间或者交配时间。由于母猪发情行为十分明显，因此一般采用直接观察法，即根据阴门及阴道的红肿程度、对公猪的反应等即可进行发情鉴定。一般情况下，地方种或杂种母猪发情表现比高度选育品种更加明显。在规模化养猪场常采用有经验的试情公猪进行试情。如果发现母猪呆立不动，可对该母猪的阴门进行检查，并根据"压背反应"情况确定母猪是否真正发情。

外激素法是近年来发达国家养猪场用来进行母猪发情鉴定的一种新方法。将人工合成的公猪性外激素，直接喷洒在被测母猪的鼻子上。如果母猪出现呆立、压背反应等发情特征，则确定为发情。这种方法简单，避免了驱赶试情公猪的麻烦，特别适用于规模化养猪场使用。

此外，还可以通过播放公猪鸣叫录音，观察母猪对声音的反应等进行发情鉴定。

在工业化程度较高的国家广泛采用计算机用于繁殖管理，对每天可能出现发情的母猪进行重点观察。这不仅大大降低了管理人员的劳动强度，同时也提高了发情鉴定的准确程度。

(三) 母猪排卵

1. 排卵机理　母猪的排卵机理目前比较清楚，成熟的卵泡不是依靠卵泡的内压增大、崩解排出卵母细胞的，而是首先降低卵泡内压，在排卵前 1 h 或 20 h，卵泡膜被软化变松弛。这主要是由于卵泡膜中酶发生了变化，引起靠近卵泡顶部的细胞层发生溶解，同时使卵泡膜上平滑肌的活性降低，这样就保证了卵泡液流出并排出卵子时，卵泡腔中的液体没有全部被排空。而这一系列的排卵过程都是由于卵泡中雌激素对下丘脑产生的正反馈，引起 GnRH 释放增加，刺激垂体前叶释放 LH 的排卵峰，FSH 和 LH 与卵泡膜上的受体结合而引起的。此外，子宫分泌的前列腺素 $F_{2\alpha}$ 也对卵泡的排卵有刺激作用。

2. 排卵时间　母猪雌激素的水平不仅代表了卵泡的成熟性，而且也通过下丘脑来调节母猪的发情行为与排卵时间。排卵前出现的 LH 峰不仅与发情表现密切相关，而且与排卵时间也有关。一般 LH 峰出现后 40～42 h 母猪即出现排卵。由于母猪是多胎动物，在一次发情中多次排卵。因此，母猪排卵最多时出现在母猪开始接受公猪交配后的 30～36 h。如果从开始发情，即外阴唇红肿算起，那么母猪排卵在发情 38～40 h 之后。母猪的排卵数与品种有密切关系，一般为 10～25 枚。我国的大湖猪是世界著名的多胎品种，平均窝产仔 15 头，如果按排卵成活率为 60% 计算，则每次发情排卵在 25 枚以上，而一般引进品种的窝产仔在 9～12 头。排卵数不仅与品种有关，而且还受胎次、营养状况、环境因素、产后哺乳时间长短等的影响。从初情期算起，头 7 个情期，每个情期大约可以提高 1 枚排卵数；营养状况好有利于增加排卵数；产后哺乳期适当且产后第 1 次配种时间长，也有利于增加排卵数。

三、配种

（一）公猪配种

饲养公猪的目的是使公猪有良好的精液品质和配种能力，完成配种任务。用本交方式配种时，每头公猪可配 20～30 头母猪，一年繁殖仔猪 200～300 头。采用人工授精方式配种时，每头公猪一年可繁殖仔猪 3 000 头以上。公猪对猪群质量的影响很大，把公猪养好，猪群的质量和数量就有了保证。

成年公猪每次配种射出的精液量为 150～350 mL，经过滤后净精液量约占 80%，每毫升精液约含 1.5 亿个精子。精液由精子和精清组成，精子在睾丸内产生，贮存在附睾内。精清是附睾、前列腺、精囊腺和尿道球腺分泌物的混合液。精液中精子占 2%～5%，其他都是精清。精清的作用是保证精子和卵子结合。精清可稀释和运送精子，激发精子活力，改变母猪生殖道环境，刺激母猪生殖道收缩，保证精子进入输卵管。精液品质的评定首先看精子活力，正常的精子呈直线前进运动。精子活力用能直线前进运动精子所占的百分数来表示，百分数越高表明精液品质越好，一般精子活力应在 0.8 以上。其次检查畸形精子数，正当成年公猪的畸形精子数一般不超过 10%，未成年公猪畸形精子的比例较高。另外还有精子颜色，精液是乳白色絮状液体。如精液颜色发红或发绿，则说明畸形精子数过多，精子密度过稀，死精子数多，属不正常精液，会降低受胎率。

（二）母猪的配种

1. 母猪的初配月龄和体重　小母猪性成熟同样受品种、气候和饲养管理条件的影响。我国南方地方品种，小母猪 3 月龄左右即开始发情，培育和杂交品种 5～6 月龄开始发情。性成熟的小母猪虽能受胎，但产仔数少，仔猪出生重低，仔猪成活率低，小母猪本身的发育也会受阻。另外，小母猪适宜的初配时期还与体重有很大关系，初配体重对产仔数及仔猪出生重、成活率和断奶重的影响更大。达到初配月龄而体重低的母猪不能配种。我国小型早熟品种应在7～8月龄、体重50～60 kg；大、中型品种在9～10月龄，体重80～90 kg时配种。

2. 掌握发情规律和提高排卵数

（1）母猪发情　母猪性成熟后，卵巢中的卵泡周期性地成熟和排卵，母猪开始表现发情。发情和排卵不受季节影响，常年进行。两次发情排卵间隔21 d，叫发情周期，每次发情持续3～5 d。发情初期母猪食欲减退，阴门潮红。我国地方品种母猪发情表现明显，发情高潮时母猪在圈内精神不安，不吃，甚至嚎叫、跳圈等。阴门充血肿胀，从阴道流出黏液，母猪频频排尿，爬跨其他母猪并允许公猪爬跨。用手按压母猪背臀部，其呆立不动时就是最好的配种时期。在发情后期母猪性欲减退，不让公猪接近，食欲逐渐恢复。培育品种、国外引进品种和杂交母猪发情表现不明显，往往只有阴门肿胀而无其他表现。对这种猪要注意观察，不要错过配种机会。年老母猪发情持续时间短，表现也不明显，应特别注意观察。

（2）提高母猪排卵数　母猪在一次发情期可排卵20～30枚。与排卵数有关的因素有：

①品种　中国地方品种排卵数比国外引进品种的多，但品种间也有差异。平均排卵数嘉兴黑猪25.68枚，二花脸猪28.0枚；外国品种大白猪16.7枚、长白猪15.22枚、杜洛克猪11.5枚。

②胎次　初产猪排卵数少，经产猪排卵数多。初产母猪平均排卵数中国猪种17.21枚、经产母猪21.58枚，外国猪种初产母猪13.5枚、经产母猪21.4枚。

③杂交　二元杂交的子代母猪再进行杂交时其后代排卵数增加。

④温度　气温高排卵数多，气温低排卵数少。

（三）提高受精率的主要方法

1. 提高公猪精液品质　影响公猪精液品质的因素有：①公猪发生疾病，缺乏营养和管理不当造成精液中精子密度过低、活力下降、畸形精子增多或无精子。②公猪使用过度，使射精量减少，精子密度降低，畸形精子或不成熟精子增多。③公猪长期不配种，精液内精子容易老化或死亡，因此第一次射精的精液应废弃不用或再配一次。

小公猪（1～2岁）正在发育期间，不能连续配种，每隔2～3 d使用一次。

2～5 岁是公猪壮年时期，可每天配种 1～2 次（上、下午各一次），每周停配 1 d。5 岁以上公猪每隔 1～2 d 配种一次。进行人工授精时精液的处理、保存和运输不当也易造成精液品质下降。

2. 适时配种　母猪在发情后 12～39 h 内排卵，持续时间为 10～15 h，卵子排出后能存活 12～24 h，但保持受精能力的时间为 8～12 h。精子和卵子在输卵管的上 1/3 处结合，精子和卵子结合后称合子。公猪和母猪配种后，精子要游动 2～3 h 才能到达受精部位与卵子结合，精子在输卵管内能存活 10～20 h。按此推算，配种最适宜时期在母猪排卵前的 2～3 h，母猪发情后的 20～30 h。从母猪发情外部表现来看，只要其让公猪爬跨，阴门流出黏液，情绪比较稳定，用手按压臀部后呆立不动即是配种的最好时期。配种过早，卵子还未排出，等排卵后精子就已失去活力；配种过晚，精子到达配种部位时卵子已不能受精，即使勉强受精则合子活力不强也会变成衰老合子。衰老卵子＋刚射出精子、衰老卵子＋衰老精子以及新排出卵子＋衰老精子都易使胚胎在发育中途死亡。

（四）母猪不发情原因和促进排卵措施

当饲养管理不当或患有生殖系统疾病时，母猪可能不发情或屡配不孕。对患有生殖道疾病的母猪应查明原因，并进行对症治疗。后备用猪容易养得过肥而不发情或配种后不孕。有的猪场将后备母猪与育肥猪一起饲养，饲料中蛋白质含量低，能量水平高，容易导致母猪过肥。过肥的母猪腹部和生殖道周围脂肪多，造成排卵量少，发情表现不明显或化胎。对这类母猪应减少精饲料的喂量，喂些青饲料，同时让其多运动，以减少过多脂肪的沉积，以促进母猪发情受胎。泌乳母猪在仔猪断奶到第一次发情的时间变化幅度很大。营养好的母猪体好发情就早，有些母猪哺育仔猪数量多，营养不够，到仔猪断奶时身体很瘦就不会发情。对这些母猪应加强泌乳期的营养，仔猪断奶后应给母猪饲喂优质的精饲料和优质的青饲料，使母猪膘情尽快得到恢复而促使其发情。

促使母猪发情还可采取以下措施：①公猪诱情。把公猪放到不发情母猪圈内，通过与公猪接触、爬跨等性刺激，来促使母猪发情排卵。②改善母猪生活环境。对不发情母猪通过增加运动次数和光照时间、放牧或饲喂青饲料、给母猪换圈等改变母猪生活环境，以促使母猪发情。③仔猪早期断奶或合圈饲养。为了提高母猪年产仔数，很多猪场采用仔猪早期断奶技术，仔猪生后 3～5 周断奶。早期断奶技术可使母猪提早发情配种。有的母猪产仔数较少，可与产仔日期相近的母猪并圈饲养。这种方式可使那些产仔数少的母猪不再泌乳，可以很快发情配种。

给不发情母猪注射绒毛膜促性腺激素，每头中型母猪肌内注射 1 000 IU 或 100 IU 绒毛膜促性腺激素（以 10 kg 体重计）。妊娠 2～3 个月的孕马血清中含有的促性腺激素，能促使卵泡发育成熟，在母猪耳根部皮下注射 5 mL/次，一般注射 4～5 d 母猪便可发情配种，发情率在 90% 左右。一些人工合成雌激素，如己烯雌酚等注射后母猪发情但不排卵，达不到受胎目的，因此雌激素不能滥用。为了提高母猪繁殖力和经济效益，应淘汰老母猪。一般母猪产 5～7 胎后繁殖能力下降，产仔数少，仔猪体弱易死亡。因此，必须经常保持壮年的母猪群。对长期不发情或屡配不孕的母猪更要及时淘汰。对患有繁殖系统疾病（如子宫炎、卵巢囊肿）的母猪，即使治疗也需较长过程，少产一窝仔猪就等于白养半年，不经济，不如更换新母猪。

（五）配种方式和方法

1. 配种方式　生产上根据母猪在一个发情期的配种次数分为单次配、重复配和双重配。母猪有持续排卵的特点，采用重复配或双重配可提高受胎率和产仔数。

①单次配　指母猪在一个发情期内用一头公猪配种一次。这种方式简便，能减轻公猪负担。但由于母猪排卵时间长，因此配种一次容易降低受胎率和产仔数。

②重复配　母猪在一个发情期内用同一头公猪配种两次，两次配种时间间隔为 8～12 h。发情母猪上、下午各配一次或下午配一次，次日上午再配一次。这种方式能在输卵管精卵结合部位较长时间保持有活力旺盛的精子，增加卵子的受精机会，提高受胎率和产仔数。育种猪场适于采用这种方式，这样做既能多产仔又能使血缘关系清楚。

③双重配　母猪在一个发情期内与两头同品种或不同品种公猪交配，两次配种间隔 10～15 min。由于短时间内连续交配两次，因此能增强母猪性兴奋能力，加速卵泡成熟，增加排卵数，缩短排卵时间，使出生仔猪整齐度高。连续两头公猪配种增加了卵子对精子的选择机会，所产仔猪健壮，生活力强。商品猪场可采用这种方式。

2. 配种方法　配种方法分本交和人工授精两种。

①本交　当母猪与公猪个体差异不大且交配没有困难时，可以把它们赶到配种场地，不用人工辅助而让它们自由交配。如公、母猪个体差异较大，就需要人工辅助交配。可以选择在斜坡的地势，当公猪小、母猪大时让公猪站在高处，当公猪大、母猪小时让母猪站在高处。在公猪爬跨母猪时，把母猪尾巴拉向一侧，使公猪阴茎顺利进入阴道。

②人工授精　人工授精是用人工方法将公猪精液采出，经处理后将精液输到母猪子宫内使母猪受胎。公猪一次的射精量可供 3～8 头母猪输精。采用人工授精法可以减少公猪饲养头数，节省饲料，降低饲养成本，提高公猪利用率。在交通不便的地区能充分利用优良公猪，并能解决公、母猪体格大小悬殊及交配困难的矛盾，有利品种改良，减少疾病传播。

3. 配种的注意事项

（1）配种时间应在采食后 2 h，夏季炎热天气应在早、晚凉爽时进行。

（2）配种场地应距公猪舍较远，地面平整。

（3）配种环境应安静，不要喊叫或打公猪。

（4）下雨或风雪天应在室内交配。

（5）交配后用手轻轻按压母猪腰部，防止母猪弓腰引起精液倒流。

（6）公猪交配后不要立即洗澡，不应喂冷水或让其在阴冷、潮湿的地方躺卧，以免受凉得病。

第二节　大围子猪种猪选择与培育

一、种猪饲养管理

（一）种公猪饲养管理

大围子猪母猪产仔的多少除了与母猪有关外，还与公猪的品种、饲养管理及适时合理利用好种公猪有密切关系。俗话说："母猪好好一窝，公猪好好一坡"。因此，种公猪生产性能的好坏是科学养猪、提高母猪产仔数、降低饲养成本、提高经济效益的重要保证。

1. 管理目标　要求大围子公猪体质健康、性欲旺盛，且用全价饲料饲喂。

2. 饲养管理要点

（1）建立良好的生活制度，如饲喂、采精或配种、运动、刷拭等各项工作都应在固定的时间内进行，利用条件反射养成规律性的制度，便于管理和操作。

（2）所选种公猪必须有优良性能，睾丸发达且对称，四肢强健。外购种猪必须从具有畜牧部门核准的猪场引入。

（3）单圈饲养，定时定量饲喂，保证充足的清洁饮水，调教定点排便，保持圈舍干燥。成年公猪每周配种 5～6 次，既不能连续利用，也不能长期禁欲。

（4）公猪每周适当运动 2～3 次，每次半小时以上，可减少公猪蹄病。经常刷拭公猪体表，可增加血液循环，延长使用年限。

（5）为满足种公猪配种期间的营养需要，应使用公猪专用饲料，以提高公猪精液品质、受胎率和增加高产仔猪头数。每月鉴定精液品质一次，以淘汰不合格公猪。

（6）爱护公猪，与其建立亲和关系，经常刷洗，冲洗阴囊，严禁粗暴地打公猪。夏季一定要注意给公猪降温，如用水冲洗睾丸等，因为高温能降低公猪精液品质，要定期对公猪进行体内外寄生虫的驱虫工作。

（二）种母猪饲养管理

1. 后备母猪饲养管理

（1）管理目标　按品种特征、体型外貌的表现型、生产性能选留大围子猪后备母猪。90 kg 体重前根据生长发育阶段，分别在 4 月龄、6 月龄和 8 月龄进行选择，分阶段淘汰不合格母猪。

（2）饲养管理要点

①选拔符合品种特性和经济要求的后备母猪。例如，高产母猪的后代，同胎在 9 头以上，初生重为 1.0～1.5 kg；有效乳头 6 对以上，至少有 3 对在脐部以前；身体健康，体型良好，肢蹄健壮，外生殖器发育良好。

②后备母猪要按体重大小、强弱分群饲养，同群母猪之间的体重差异最好在 2.5～4 kg，以免影响育成率。小群饲养时，每圈饲养 4～5 头，随着年龄的增加，逐渐减少每圈内饲养的头数，确保肢体发育正常。

③必须饲喂专用料，配种前 2 周实行优饲催情，合理饲养，以提高排卵数量和增加受精卵的着床率。

④提供良好环境条件，保持栏舍清洁、干燥，冬暖夏凉。

⑤为保证后备母猪适时发情，可对后备母猪采用换圈、合圈、公猪诱导、

饥饿、药物催情等方法，促使其发情。

2. 空怀母猪饲养管理

（1）管理目标　配前加料促排卵，配后减料防过肥；情期重配产仔多，防止打架利保胎；配种计划先做好，系谱清楚好选留。

（2）饲养管理要点

①控制膘情，促使及时发情配种　俗话说"空怀母猪七八成膘，容易怀胎产仔高"。因此，应根据断奶母猪的体况及时调整日粮的喂给量。对于从断奶到配种阶段膘情正常的经产母猪，其每天的饲喂量为 1.6～2 kg。给体况较差的母猪增加饲料量，能提高受胎率和产仔率；但配种后，立即减少饲料饲喂量，以促使其体况恢复。另外，也可采用并窝饲养、公猪诱情、药物催情的办法，促使空怀母猪及时发情并排卵。

②做好母猪的发情鉴定和适时配种工作　大围子猪母猪发情时的典型表现：一是外阴部从出现红肿现象到红肿开始消退并出现皱缩，同时分泌由稀变稠的阴道黏液；二是精神出现由弱到强的不安情况，来回走动，试图跳圈，以寻求配偶；三是食欲减退，甚至不吃；四是开始时爬跨其他母猪，但不接受其他母猪的爬跨，到后来能接受其他母猪的爬跨；五是开始时按压其背部出现逃避现象，但随后则会变得安稳不动，出现"呆立反射"现象。一般认为，母猪出现"呆立反射"现象，适于首配，隔 8～10 h 再配一次，这样能做到情期受胎率高且产仔数也较多。

3. 妊娠母猪饲养管理

（1）管理目标　对体况较差的母猪要将其恢复到繁殖体况；对正常体况的母猪要限制饲喂，防止因争食打架造成流产。

（2）饲养管理要点

①选择适当的饲养方式　对于体况较瘦的经产母猪，从断奶到配种前可增加喂食量，日粮中提高能量和蛋白质水平，以尽快恢复繁殖体况，使母猪正常发情配种。对于膘情已达七成的经产母猪，妊娠前期、中期只给予相对低营养水平的日粮，妊娠后期再给予营养丰富的日粮。

②保持良好的环境条件　保持猪舍的清洁卫生，注意防寒、防暑及通风换气。

③保证饲料质量　妊娠期无论是精饲料日粮还是粗饲料日粮，都要特别注意品质优良，不给母猪饲喂发霉、腐败、变质、冰冻和带有毒性或有强烈刺激性的饲料，否则会引起流产，造成损失。饲料种类也不宜经常变换。

④精心管理　妊娠前期母猪可合群饲养，但不可拥挤，后期应单圈饲养。妊娠第1个月，使母猪吃好，休息好，少运动，以后让母猪有足够的运动量；夏季注意防暑，冬季雨雪天气和严寒天气应停止运动；妊娠中期、后期应减少运动量，临产前应停止运动。

4. 哺乳母猪饲养管理

（1）管理目标　个体饲养，提高泌乳量，控制母猪减重；注意产后健康，防止发生疾病；断乳时控制喂饲，防止乳腺炎的发生。

（2）饲养管理要点

①合理饲养　哺乳母猪的饲料应按饲养标准配合，以保证适宜的营养水平。母猪分娩后体力消耗很大，处于高度疲劳状态，消化机能较弱，因此开始时应给予稀料，2～3 d后饲料喂量逐渐增多；5～7 d改喂湿拌料，饲喂量可达到饲养标准规定量。

②充分供应饮水　水对哺乳母猪特别重要，乳中含水约80％，此外代谢活动亦需要水。

③乳房护理　母猪产后即可用40℃左右的温水擦洗其乳房，可连续进行数天，这样既能清洁乳房，而且对母猪产乳也是一个良好的刺激。

④舍外活动　母猪产后3～4 d，如果天气良好，就可将其赶到舍外活动几十分钟。

⑤注意观察　饲养员要及时观察母猪吃食、排便、精神状态及仔猪的生长发育情况，以便判断母猪的健康状态。如有异常应及时报告兽医，并采取适当的措施。

二、种猪选择

（一）种公猪选择

1. 种公猪选择要点

（1）体型外貌符合本品种雄性特征。

（2）生殖器官发育良好，中等下垂，左右对称，大小匀称，轮廓明显，没有单睾、隐睾或疝，包皮适中、无积尿。

（3）四肢强健有力，步伐开阔，行走自如，无内、外八字形腿，无卧系、蹄裂现象。

（4）有效乳头在 6 对以上，排列均匀、整齐，且位置和发育良好，无瞎乳头或内翻乳头。

（5）三代系谱清楚，性能指标优良，选择估计育种值大的（估计育种值至少要在 100 以上），因为 EBV 值大则说明该猪综合性能较好。如果体重较大，则一定选择活泼好动、口有白沫、性欲表现良好、精液品质优良的公猪。

（6）与配母猪产仔数多，后代活力强、生长快、体型好，无遗传缺陷的公猪的同胞、半同胞或其后代公猪。

2. 种公猪的留种

（1）断奶时进行初选　从大窝中选留长势好、身体健壮的仔猪，初选时尽量多留。

（2）5～6 月龄时进行二选　根据每头测定猪的育种值，综合体型外貌评分，由高到低进行挑选。选留公猪的育种值和外型评分应高于群体平均数一个标准差以上，选留数量可比预留数量多 20% 左右。

（3）8～10 月龄进行终选　淘汰爬跨能力弱、精液品质差的公猪，使最终选留的数量达到规模要求。种公猪的留种比例，最好能实现 10～20 选 1，但至少不能低于 5 选 1。

（二）种母猪选择

1. 种母猪挑选要点

（1）体型外貌符合本品种特征（毛色、头型、耳型等），无凸凹背，体质结实。

（2）外阴较大且松驰、下垂，阴户不能过小或上翘，且无异形。

（3）有效乳头 6 对以上，分布均匀，发育正常，无瞎乳头、翻转乳头和其他畸形乳头。

（4）身体匀称，眼睛亮而有神，腹宽大而不下垂，骨骼结实，四肢要求结构合理、强健有力、蹄系结实。

（5）个体各项性能指标在平均数以上，育种值或选择指数较高，且先代和同胞性能优良。

（6）产仔较多、泌乳力强、带仔能力强、母性好、性情温顺。

（7）所生仔猪生长速度快、发育好、均匀整齐、无遗传缺陷的母猪的同胞、半同胞或其后代母猪。

2. 种母猪选留

(1) 断奶时进行初选　从大窝中选留长势好、身体健壮的仔猪，初选时尽量多留。

(2) 5～6 月龄时进行二选　根据每头测定猪的育种值，结合外貌评分，由高到低进行挑选，选留数量可比预留数量多 20% 左右。

(3) 8～10 月龄进行终选　淘汰不发情、容易流产的不合格母猪，使最终选留的母猪数量达到规模要求。种母猪的留种比例最好能实现 5 选 1，但最少不能低于 3 选 1。

第三节　大围子猪种猪性能测定

一、种猪性能测定分类

根据场所不同，大围子猪种猪性能测定可分为场内测定（临床、农场）和中心（集中、站）测定。场内测定是指所有性状测定在本猪场进行，中心测定是指性状的测定均在特定的中心测定站进行；根据测定对象不同，大围子猪种猪性能测定可分为个体测定、同胞测定和后裔测定。个体测定是指对需要估计性能素质的个体直接进行测定，同胞测定是指对需要估计性能个体的半同胞和全同胞进行测定，后裔测定是指根据后裔的生产性能、外貌等特征来估测种猪的育种值和遗传组成，以评定其种用价值；根据测定性状的不同，大围子猪种猪性能测定可分为生长性能测定、繁殖性能测定、胴体性状测定、肌肉品质测定、精液品质测定等。

二、种猪场场内测定操作规程

（一）测定对象、数量与受测猪要求

1. 测定对象　包括后备公猪群、后备母猪群和繁殖母猪群。

2. 测定数量　测定过程中在 50 kg 以前每窝应有 2 头公猪和 3 头母猪，测定结束时每窝应有 1 头公猪和 2 头母猪。

3. 受测猪要求

(1) 开展生长性能测定的受测猪必须来自核心群的后代，且血缘清楚，符合本品种特征。个体号和父、母代个体号必须准确无误，出生日期、断奶日期

等记录完整，并附有 3 代以上系谱记录。

（2）受测猪必须健康，生长发育正常，无外形缺陷和遗传缺陷；肢蹄结实；有效乳头要求在 6 对以上，排列整齐，无瞎乳头、内翻乳头等；公猪睾丸和母猪外阴发育良好；待测猪在测定 1 周之前完成常规免疫和体内外驱虫。

（3）开展繁殖性能测定的种猪本身血缘清楚，且发情、配种、受胎正常。

（二）测定条件

1. 测定舍　测定舍的环境条件应一致，温度在 15～24℃，湿度在 60％～80％，通风良好。

2. 测定设备　有个体笼称（1～2 台）、B 超测定仪和自动计料系统（或全自动种猪生产性能测定系统）。

3. 测定人员　有专职测定员。

4. 饲养管理　受测猪应由技术熟练的饲养员喂养，饲养员和测定员保持相对稳定，做好测定舍的温、湿度控制，受测猪自由采食、自由饮水，饲料营养水平保持一致，保证饲料质量。

（三）生长性能测定方法

1. 测定猪群　测定猪来自核心群猪后裔，每周查看已分娩母猪，备案核心群母猪产仔窝数、仔猪公母数量及仔猪个体号。

2. 阶段选种

（1）2 月龄阶段　凡体型外貌不符合品种特征、乳头数不符合育种规定、自身或同胞具遗传缺陷、生长发育差者一律作淘汰处理。

（2）4 月龄阶段　凡符合入选条件的后备猪均可选留。此时，若系供种需要，一般淘汰率可达 30％～50％，或每窝至少留 1～2 头公猪、2～3 头母猪。

（3）6 月龄阶段　及时测定体重、体尺（体长、胸围、体高、腿臀围）和活体背膘厚，在优先考虑血缘的前提下，依据外貌评分选留测定的后备猪。

（4）初产阶段　母猪依据初情、发情、妊娠分娩、母性等表现，以及头胎繁殖成绩进行选择；公猪则依据性欲、配种能力、精液质量，并结合肢蹄、体质等进行再次选择。

3. 数据处理　测定结束后整理数据，将测定数据在育种软件进行登记。

4. 性能评定　通过育种软件对数据进行 BLUP 分析，从而确定每头猪选择指数的高低。结合体型体貌特征，作为选留后备猪的依据。

（四）繁殖性能测定

1. 测定指标　包括总产仔数、产活仔数、初生重、初生窝重、断奶仔猪数、断奶窝重和21日龄校正窝重。

2. 测定方法

（1）总产仔数测定　出生时同窝的仔猪总数，包括死胎、木乃伊胎和畸形胎在内，记录总产仔数的同时记录母猪胎次。

（2）产活仔数测定　出生24 h内同窝存活仔猪数，包括衰弱和濒死的仔猪在内。记录时按胎次、窝进行。

（3）初生重和初生窝重测定　仔猪出生12 h内存活的个体重为初生重，全窝存活仔猪个体重之和为初生窝重。

（4）断奶仔猪数测定　包括寄入的仔猪在内，但是不包括寄出的仔猪，并注明寄养头数。寄入的仔猪数测定必须在出生后3 d内完成，并注明寄养仔猪的来源及其时间等，寄养超过3 d的仔猪不能用于遗传评估。

（5）断奶窝重测定　指断奶时全窝仔猪的总重量，包括寄入的仔猪体重，但寄出的仔猪体重不计算在内。

第四节　大围子猪选配方法

一、选配原则

（1）公、母猪按不同来源家系间交配，以汇集优良基因；

（2）实施开放与闭锁相结合，采用不完全随机交配制度，避开全同胞或半同胞，辅以部分级进，以分化类群和提高系群的同质性；

（3）以经产定终选，凡出现高产仔数成绩的母猪均可进行世代重叠选配和重复选配；

（4）凡优秀的公猪，均可有计划地实行近交，以累积优良基因；

（5）依据头型、毛色的表现型进行选配，以控制种群的理想结构。

二、选配方法

根据选配对象，可将大围子猪种猪选配的方法分为两类，即个体选配法和种群选配法。

1. 个体选配法　常用于品种选育提高和育成新品种。在进行个体选配时，一般以参与选配的个体亲缘关系的远近和个体性状品质为选配依据。其中，以参与选配的个体亲缘关系远近为选配依据的选配方式称为亲缘选配，以参与选配的个体性状品质为选配依据的选配方式称为品质选配。

（1）在亲缘选配过程中，既要利用近亲繁殖，又要防止近亲繁殖所产生的衰退现象。

（2）在品质选配过程中，同质选配的目的在于"选优提纯"，以提高猪群的生产性能表现；而异质选配的目的在于"优化重组"，既可实现猪品种的选育提高，也可能育成新的猪品种。

2. 种群选配　种群选配的意义在于"扩繁"，即通过种群选配，逐步提高猪群的整体繁殖水平，而"扩繁"的目的在于获得更多数量的优良种猪以进行杂交生产。

第五节　提高母猪繁殖力的措施

母猪繁殖率的高低直接关系规模养猪场的经济效益，不仅是将母猪潜在生物生产力转变为现实生产力的重要标志，而且是衡量一个养猪场综合生产水平的一项重要指标。实际生产中，提高大围子猪母猪繁殖力的措施有以下几方面。

1. 合理的公、母猪群结构　合理的公、母猪群结构应为：母猪 3～5 胎占 60％，6 胎以上占 10％～15％，初产母猪占 25％～30％；公猪 2～3 岁占 60％，1～2 岁占 30％，3 岁以上占 10％。每年公、母猪的淘汰更新率应为 25％～30％。后备母猪的选留数应为淘汰数的 3 倍，后备公猪的选留数应为淘汰数的 5 倍。年老、产仔数少的母猪，性欲差的公猪都应及时淘汰，只有这样才能充分保障母猪的持续高产。

2. 选好小母猪　要从高产的公、母猪后代中选择符合大围子猪品种特征、身体健壮、体型匀称、性情温顺、乳头排列整齐且形状长而大的母猪留作种用。此外，要尽量多从青年公猪的后代和第二胎以上健康母猪所产的春茬仔猪中选留。这样的仔猪不仅体质健壮、肯吃，而且春季气候温暖，饲草丰茂，利于生长。

3. 控制好初配年龄和利用年限　母猪初配年龄不可过早，过早配种不仅影响发育，引起难产，而且会使后代体质衰弱导致猪种退化。大围子猪母猪以5～7月龄、体重在35 kg以上时开始配种为宜，母猪利用年限为8～10年。

4. 适时配种　母猪发情后可持续3～5 d，因年龄、胎次等有差异，排卵时间一般为25～36 h，有效受精能力时间为8～10 h。

5. 短期优饲　母猪在配种前10～15 d，增加50%的饲料量，可促使卵子正常发育且品质好、数量多。但在配种后应及时将饲料量降至正常水平，除此之外还要给母猪多喂含维生素A的食物，如胡萝卜、南瓜、豆渣等。坚持每天将母猪放出运动，晒太阳，以促使其正常发情，提高排卵的数量和质量。

6. 做好母猪管理的基础工作　加强母猪档案管理，如胎次、配种时间、断奶时间、仔猪初生重、21日龄重、60日龄育成情况等都应详细记录。了解母猪的配种时间，可以对母猪的不同妊娠期予以区别饲养，合理安排栏舍。

7. 加强妊娠母猪的饲养管理　大围子猪母猪的妊娠期为107～116 d，妊娠前期要喂含蛋白质、维生素丰富的饲料，并适当搭配青绿饲料，同时注意防止母猪跌倒、打架、挤压等，以免流产；妊娠2个月后，应适当增加精饲料的喂量，减少青绿饲料的喂量，并注意补钙；临产前几天适当减少精饲料的喂量。

8. 做好母猪产前和产后的监护工作　防止母猪难产是减少仔猪不必要死亡的基础。母猪分娩前10 d左右，将分娩舍冲洗消毒，干燥后让母猪进入。准备好接产所需的碘酊、催产素等物品，为母猪难产做准备。母猪分娩后，如子宫内胎衣碎片没有被排出，可注射氯前列烯醇，其也有利于母猪断奶后再发情。为防止母猪产后出现子宫炎，可连续注射2 d抗生素。

9. 缩短母猪哺乳期，提高断奶仔猪成活率　缩短母猪哺乳期能提高年产仔窝数和产仔总数。仔猪适宜的断奶时间在21日龄以后，要坚持"两维持"（即维持原圈管理和原饲料饲养）和"三过渡"（即饲养制度过渡、饲料类型过渡和环境过渡）的原则，防止仔猪出现断奶应激综合征。为增进断奶仔猪的食欲，可将炒熟的、具有浓郁香味的黄豆、黑豆和豌豆粉碎后作为配料饲喂仔猪，也可将煮熟的碎米、玉米等谷物类饲料饲喂仔猪。

10. 加强疫病防疫工作　做好防疫工作是猪场的头等大事，猪瘟、猪丹毒病、猪细小病毒病、乙型脑炎、链球菌病、仔猪黄痢、仔猪白痢等传染病，尤其是猪细小病毒病、乙型脑炎等对公、母猪繁殖性能影响大的传染病，均应按严格的免疫程序进行免疫。

11. 提供良好的环境卫生　第一，每天要及时清除圈舍内粪便，保持圈舍干净、清洁，尽量做到猪、粪分离；第二，圈舍要定期消毒，并做好灭鼠、灭蚊、灭蝇工作，以减少圈舍内病原微生物的数量；第三，要做好通风换气工作，使猪舍内保持适宜的温度，冬天要保持温暖，夏天要保持凉爽，避免生猪因温度不适而出现应激；第四，要给猪提供清洁、新鲜的饮水。

第五章
大围子猪营养需要与常用饲料

第一节　大围子猪的营养需求

猪所需要的营养物质是蛋白质、碳水化合物、脂肪、维生素、矿物质（包括常量元素和微量元素）和水。这些物质中的任何一种缺乏都会严重影响猪的生产性能及健康状况。在放养条件下，大围子猪可以通过采食青饲料、拱泥土等形式获得少部分矿物质、维生素；但在水泥圈养时，除水外，上述养分必须通过饲料获得。

一、种公猪营养需要

营养水平，是大围子猪公猪配种能力的主要影响因素。公猪的性欲和精液品质与营养，特别是蛋白质的品质有密切关系。大围子猪种公猪的能量需要分为两个时期，即非配种期和配种期。非配种期的能量需要为维持需要的1.2倍，配种期的能量需要为维持需要的1.5倍。种公猪精液干物质的主要成分是蛋白质。在规模饲养条件下，给种公猪饲喂锌、碘、钴、锰对精液品质有明显提高作用。

1. 能量　大围子猪公猪饲粮能量水平应适宜，不能长期饲喂高能量饲粮，以免使公猪体内沉积脂肪过多而导致性欲减弱，精液品质下降；相反，如果能量水平过低，则公猪体内脂肪、蛋白质耗损，形成氮、碳代谢的负平衡，公猪过瘦，射精量少，精液品质差，亦影响配种受胎率。饲粮的消化能保持在12.55～14.23 MJ/kg的水平。

2. 蛋白质和必需氨基酸　蛋白质、氨基酸是精液和精子的物质基础，蛋白质占精液干物质的 60% 以上。蛋白质、氨基酸营养状况直接影响精液量、精液品质和精子存活时间。用低蛋白饲粮饲喂配种种公猪，其射精量减少 10.3%，精子活力降低 22%～25%，畸形精子率增加 60%～65%。饲粮中粗蛋白质含量一般为 12%～13%，同时要注意其质量。配种公猪赖氨酸的合理供给量应为 6.5～6.8 g/kg（以日粮计），如日粮赖氨酸水平低至 2.5 g/kg，则在 6～7 周内公猪产生的精子数量、质量及公猪性欲就会受到严重影响。另外，赖氨酸量在 6.8 g/kg 的基础上增加到 12.0 g/kg（以日粮计），并不能够进一步增加精子数量、提高精液质量及公猪性欲。苏氨酸也是影响精子数量、质量及公猪性欲的重要氨基酸，一般建议添加量为 2.7 g/kg（以日粮计）。

3. 矿物质　配制公猪日粮时，最需要考虑的两种矿物质元素为钙和磷。一般认为公猪骨骼理想钙化所需要的钙和磷要比正常生长时需要的多。后备种公猪对钙和磷的需要量一般要比使用中的公猪多。公猪日粮中钙和磷的含量应分别为 0.85%～0.90% 和 0.7%～0.8%，该水平范围之外可能对公猪造成不利的影响。

锌与公猪繁殖性能密切相关，其对维持睾丸正常功能作用的发挥非常重要。另外，使用有机锌更有利于减少蹄病的发生。另一种与公猪繁殖性能密切相关的矿物元素是硒。硒是谷胱甘肽的组成成分，对于保证精子膜和精子细胞器膜的正常结构和功能发挥着重要的作用。铬是近年来研究较多的微量元素，在应激情况下，给公猪添加 0.2 mg/kg 的铬（以日粮计）对于增加精子的产量和提高精子的质量是有好处的。另外，食盐和铁、铜、钴、锰等在种公猪饲粮中也不可缺少。

4. 维生素　特别是维生素 A、维生素 D、维生素 E 等，对精液品质也有很大影响。维生素 A 缺乏时，公猪的性机能衰退，精液品质下降，长期缺乏时公猪会丧失繁殖能力。维生素 D 缺乏时，影响对钙、磷的吸收和利用，间接影响精液品质。维生素 E 缺乏时，睾丸上皮变性，导致精子形成异常。给大围子猪经常饲喂新鲜青绿多汁饲料，一般不会出现维生素 A、维生素 E 及 B 族维生素缺乏，每天能在户外晒 1～2 h 的太阳，亦可满足其对维生素 D 的需求。

5. 纤维素　如果实施限饲，则公猪会发生饥饿、行为异常等问题。饲粮中保持一定量的纤维素可以增进公猪的饱腹感，可改变公猪消化道中的微生物数量。纤维素在固醇类激素的调控方面也能发挥其作用，这类激素可能对繁殖性能发挥作用。

总之，大围子猪种公猪的饲喂，需要注意：①应根据休情期、配种期或常年配种的情况，并结合公猪的体况、精液品质，制定专用的公猪饲料配方，不能用肥猪料饲喂公猪。②给体重为 100 kg 或日龄为 180 d 的青年公猪实行限饲，日饲喂量为 3.0 kg 左右；成年公猪日饲喂量在 2.5 kg 左右。在配种旺季，每日可增加饲料 0.5 kg 或在日粮中添加鸡蛋（每天 1～2 枚），以保持公猪旺盛的体力。夏季日喂 3 次，冬季日喂 2 次；季节性或常年配种利用强度大时，每千克日粮中维生素 E 的含量不应少于 25 mg、硒的含量不能低于 0.1 mg，并要注意添加生物素。③为提高公猪性欲、射精量和精子活力，应给其饲喂适量的青绿饲料或青贮料。一般喂量应控制在 10% 左右（按风干物质算，以日粮计），但不能喂得太多，以免形成草腹。

二、母猪营养需要

母猪营养突出的特点是"低妊娠高泌乳"。妊娠期供给相对低的营养水平，以防止母猪过肥而出现难产、奶水不足、压死仔猪的概率增加、母猪断奶后受孕率下降等，妊娠阶段一般都实行限饲的饲喂方法；泌乳期的母猪需要高的营养水平以满足不断生长的仔猪的营养需要，同时也使自身在断奶后体重不至于减少太多，以便尽快发情和配种。

（一）妊娠母猪营养需要

1. 能量与蛋白质　我国饲养标准将妊娠母猪分为小型和大型两类，怀孕前期（怀孕后 80 d）的母猪体重为 90～120 kg 时，日采食配合饲料 1.7 kg；体重为 120～150 kg 时，日采食配合饲料 1.9 kg；体重为 150 kg 以上时，日采食配合饲料 2 kg。每头妊娠母猪每天的消化能需要量，小型猪为 17.57～19.92 MJ，大型猪为 22.26～23.43 MJ，粗蛋白质含量为 12%；怀孕后期（产前 1 个月）体重在 90 kg～120 kg、120 kg～150 kg 和 150 kg 以上时，日采食配合饲料分别为 2.2 kg、2.4 kg 和 2.5 kg，每天需要的消化能，小型猪为 23.43～25.77 MJ，大型猪为 28.12～29.29 MJ，粗蛋白质为 13%。日粮消化能为 11.7～12.5 MJ/kg，赖氨酸为 0.4%～0.5%。

2. 矿物质与维生素　日粮中缺钙会影响胎儿发育和母猪产后泌乳，由于母猪体内钙、磷的沉积随妊娠进程而增加，故妊娠母猪对钙、磷的需要亦随胎儿的生长而增加，至临产前达到高峰。大围子猪妊娠母猪适宜的钙磷比为（1～1.5）∶1；另外，直接或间接影响母猪正常繁殖机能的还有铁、锌、铜、锰、碘、硒等，饲粮中也应添加。

影响母猪繁殖的维生素包括维生素 A、维生素 E、生物素、叶酸等。在妊娠母猪日粮中补充与繁殖有关的维生素不仅可以满足其营养需要，保证其健康，而且还可以充分发挥其繁殖性能。

3. 纤维素　在现代养猪生产体系中，妊娠母猪有效利用高纤维的能力最强，比生长猪能更好地利用高纤维、低能量的日粮，限饲的妊娠母猪比自由采食的生长猪能从纤维性饲料中获取更多的能量。在妊娠母猪日粮中添加适量的粗纤维可在一定程度上提高妊娠母猪的繁殖性能、采食量，使妊娠期母猪增重，以及减少泌乳失重。

（二）哺乳母猪营养需要

1. 能量　泌乳母猪能量代谢旺盛，对能量的需求大。能量需要是按维持需要和泌乳需要两部分来估计的，但初产母猪的能量需要还需加上本身的生长需要。现代高产母猪选育技术的提高，使得母猪的采食量降低，营养输出远远超过输入，从而导致泌乳期间体重损失（蛋白质和脂肪）过多，其结果是再配种时间间隔延长，10 d 内发情母猪的比例下降，受胎率下降，胚胎存活率降低。

提高能量水平应确保日粮消化能在 14 MJ/kg 以上、代谢能在 13 MJ/kg 以上。主要是选择优质玉米，但水分必须控制在 14％以内，应避免选择粗纤维含量高的原料作为日粮来源。此外，可添加适量脂肪（3％～5％）或优质大豆磷脂（4％～6％），以提高能量水平。脂肪在哺乳母猪日粮中的应用是考虑到哺乳母猪的能量需要量高，而添加高能量浓度的脂肪可以提高日粮的能量浓度和母猪的能量采食量。在高温应激时，脂肪的使用还可以降低体内增热的影响，以及高温应激对母猪生产的副作用。使用脂肪，可以提高日粮能量水平，减少母猪失重，提高乳汁脂肪含量，提高轻体重仔猪的成活率。但是脂肪添加量大于 5％会降低母猪以后的繁殖性能，并且饲料含脂肪太多造成成本增加，不易储存，脂肪添加量以 2％～3％为宜。

2. 蛋白质与氨基酸　一般哺乳母猪日粮蛋白质水平为 15％，夏季可以增加至 18％，但必须选择优质蛋白原料，如优质豆粕（粗蛋白质＞44％）、膨化大豆、进口鱼粉等。另外，猪乳中不仅蛋白质含量高，而且还含有各种必需氨基酸。因此，在配制哺乳母猪饲粮时，不仅要保证蛋白质的需要，还必须供给适当数量和比例的必需氨基酸。

赖氨酸是哺乳母猪泌乳的第一限制性氨基酸，现代养猪生产中，为了保证仔猪生长速度达 2.5 kg/d，则母猪泌乳赖氨酸需要量为 50~55 g/d。对于高产母猪，母猪的产奶量增加，仔猪增重提高，而母猪自身体重损失就会减少。目前哺乳母猪的赖氨酸需要量比以前大大提高，这是由于已培育出高产母猪品系，使母猪的产奶量明显提高。我国瘦肉型母猪推荐的饲粮赖氨酸水平为 0.88%~0.94%，这基本满足了每天 50 g 左右的赖氨酸需要量。缬氨酸是近年来受到重视的一个重要氨基酸，其与赖氨酸的比值达 115%~120%；而另一种支链氨基酸——异亮氨酸与赖氨酸的最佳比值则为 94%，当日粮中缬氨酸与赖氨酸的比为 1.2∶1 时，母猪乳汁的分泌量会显著增加。

3. 矿物质　钙、磷比例应恰当，钙含量应为 0.8%~1%，磷含量应为 0.7%~0.8%（有效磷为 0.45%）。为提高植酸磷的吸收利用率，可在日粮中添加植酸酶。钙、磷含量过低或比例失调可造成哺乳母猪后肢瘫痪，因此在原料选择上应注意选择优质钙、磷添加剂。

对于锰和锌，可以通过提高其在日粮中的水平而提高其在乳中的含量。母猪对锌的需要量为 20 mg/kg（以日粮计）；对母猪长期饲喂低锰日粮将导致发情周期异常和消失、产奶量下降、胎儿重吸收、初生仔猪弱小；母猪日粮中铜的需要量推荐为 5 mg/kg；有机形式的铁可以提高母猪的繁殖性能，并能提高母乳中铁元素的水平，满足仔猪对铁的高需要量的要求；母猪日粮中硒的需要量推荐为 0.15 mg/kg；母猪日粮中碘的需要量推荐为 0.14 mg/kg，严重缺碘的母猪甲状腺肿大，产无毛弱仔或死仔，表现黏液性水肿及出血症状；铬是近年来受到重视的一种微量元素，给母猪饲喂含铬 200 g/kg 的日粮（甲基吡啶铬），则母猪的产仔率增加。

4. 维生素　不仅泌乳母猪本身需要各种维生素，猪乳中也含有多种维生素，仔猪生长发育所需的维生素几乎都是从母乳中获得。母猪缺乏维生素 A 会造成泌乳量和乳的品质下降；缺乏维生素 D，会引起母猪产后瘫痪；维生素 E 可增强机体免疫力和抗氧化功能，减少母猪乳腺炎、子宫炎的发生，母猪缺乏维生素 E 时可使断奶仔猪数减少，仔猪出现下痢。夏季母猪日粮中添加一定量的维生素 C（150~200 mg/kg）可减缓高热应激症；β-胡萝卜素可提高母猪的泌乳力及缩短离乳至首次发情间隔；生物素广泛参与碳水化合物、脂肪和蛋白质代谢，缺乏时可导致动物皮炎或蹄裂。高温环境可使母猪肠道细菌合成生物素的量减少，故在饲料中应补充较多的生物素。其他一些维生素，如叶酸、泛酸、胆碱等也应适量添加。

第二节　大围子猪常用饲料与日粮

一、常用饲料

(一) 青绿饲料

青绿饲料主要指天然水分含量等于或高于 60% 的青绿多汁饲料，主要包括豆科牧草、禾本科牧草、青饲作物、非淀粉质根茎瓜类饲料等。青绿饲料种类多、来源广、产量高、营养丰富，对促进大围子猪的生长发育、提高大围子猪的产品品质和产量等具有重要作用。

1. 豆科牧草　豆科牧草主要有草木樨、沙打旺、苜蓿等，它们粗蛋白质含量较高，营养价值也略高于禾本科青草。幼嫩豆科牧草适口性好，但猪过量采食会造成腹胀。草木樨含有豆素，沙打旺含有脂肪族硝基化合物，都应控制喂量。苜蓿的营养价值高，按干物质计算，含消化能 8.54 MJ/kg、代谢能 7.78 MJ/kg、粗蛋白质 23.3%、粗纤维 17.2%～40.6%，故苜蓿属于粗饲料，但苜蓿中粗纤维可消化成分比例大，属于优质饲料纤维。猪利用苜蓿纤维主要先靠大肠微生物的发酵，这些微生物区系不含原虫和厌氧真菌，包含许多高活性的反刍纤维素分解菌属的半纤维分解菌。给猪饲喂细胞壁量达 30% 的苜蓿，发现在大肠部位，纤维素 100% 被消化，半纤维素 80% 被消化。消化的最终产物是挥发性脂肪酸、氢气、二氧化碳、甲烷等。其中，挥发性脂肪酸可供给生长猪 5%～30% 的能量需要。苜蓿中的活性功能成分主要包括苜蓿多糖、苜蓿皂苷、苜蓿黄酮类、未知促生长因子等。苜蓿多糖的作用，一是促进免疫器官的发育，二是增强疫苗的免疫效果。苜蓿皂苷可以促进胆固醇排泄，降低实验动物血清中的胆固醇含量，增加粪中胆固醇和胆酸的排泄量，降低脱氧胆酸和石胆酸的排泄量。苜蓿类黄酮具有提高动物生产性能、抗癌、提高机体免疫机能等生理作用。

2. 禾本科牧草　作为青饲料的禾本科栽培草类和谷类作物，禾本科牧草主要有玉米、象草、苏丹草、高粱等。其中，玉米和可多次收割的象草产量最高，每公顷鲜草产量最高可达百吨。禾本科青饲料无氮浸出物含量高，其中糖类较多，因而略有甜味，适口性好，猪喜食。在营养方面，禾本科牧草共同的特点是粗蛋白质含量较低，只占鲜草重量的 2%～3%；而粗纤维成分却相对较高，约为粗蛋白质的 2 倍。苏丹草和高粱类幼嫩青草含有少量氢氰酸，不适于喂猪。

3. 青饲作物　青饲作物包括叶菜类（白菜、牛皮菜、苦荬菜、苷蓝等）、根茎叶类（甘薯藤、甜菜叶茎、瓜类茎叶等）、农作物叶等。苦荬菜又叫苦麻菜或山莴苣，生长速度快，再生能力强。南方一年可刈割 5～8 次，北方一年可刈割 3～5 次，一般每公顷产鲜草 75～112.5 t。苦荬菜鲜嫩可口，粗蛋白质含量较高，粗纤维含量较少，营养价值较高，喂猪效果良好。蔓秧是指作物的藤蔓和幼苗，一般粗纤维含量较高，可作猪饲料，但老化后只能饲喂反刍家畜。菜叶是指菜用瓜果、豆类的叶子及一般蔬菜副产品，人们通常不食用而作废料遗弃。这些菜叶种类多、来源广、数量大，是值得重视的一类青绿饲料。

4. 非淀粉质根茎瓜类饲料　这类饲料包括胡萝卜、南瓜、芜青甘蓝、甜菜等。胡萝卜产量高、易栽培、耐贮藏、营养丰富，是家畜冬、春季的重要多汁饲料。胡萝卜的营养价值很高，胡萝卜素含量尤其丰富，为一般牧草饲料所不及。给大围子猪种猪饲喂胡萝卜，给其供应丰富的胡萝卜素，对于公猪精子的正常生成，以及母猪的正常发情、排卵、受孕、怀胎都有良好作用。南瓜营养丰富、耐贮藏、运输方便，是猪的好饲料，尤适于猪的育肥。

（二）配合饲料

配合饲料是指根据猪的饲养标准（营养需要），将多种饲料（包括添加剂）按一定比例和规定的加工工艺配制成的均匀一致、营养价值全面的饲料产品，按照营养成分和用途、饲料物理形态、饲喂对象等可以分成很多种类。

1. 按营养成分和用途

（1）添加剂预混料　用一种或几种添加剂（微量元素、维生素、氨基酸、抗生素等）加上一定数量的载体或稀释剂，经充分混合而成的均匀混合物，叫添加剂预混料。既可直接配制饲料，又可用于生产浓缩料和全价配合料。根据构成预混料的原料类别或种类，添加剂预混料又分为微量元素预混料、维生素预混料和复合添加剂预混料。无论哪类预混料，均以能供给种猪适量养分、保证种猪健康、提高种猪生产能力、有助于饲料的加工贮存为宗旨。市售的多为复合添加剂预混料，一般添加量为全价饲粮的 $1\%\sim4\%$。

（2）浓缩料　由添加剂预混料、常量矿物质饲料和蛋白质饲料按一定比例混合而成的饲料，叫浓缩料。养猪场用浓缩饲料加入一定比例的能量饲料（玉米、麸皮等）即可配制成直接喂猪的全价配合饲料。浓缩饲料一般占全价配合饲料的 $20\%\sim40\%$。

（3）全价配合饲料　浓缩饲料加上一定比例的能量饲料，即可配制成全价配合饲料。全价配合饲料含有种猪所需要的各种养分，不需要再添加其他任何饲料或添加剂，可直接喂猪。

2. 按物理形态　配合饲料可分为粉料、湿拌料、颗粒料、膨化料等。

3. 按饲喂对象　配合饲料可分为乳猪料、后备猪料、妊娠母猪料、泌乳母猪料、公猪料等。

二、不同类型饲料的加工与调制

饲料原料必须经过加工处理，才能适合大围子猪的食用与消化。由于饲料种类不同，因此其加工处理方法也不一样。

（一）不同饲料的加工处理

1. 谷实类及饼粕类　禾本科作物籽实及饼粕类原料均需粉碎才能饲喂，粉碎后的颗粒直径一般约为 0.8 mm。颗粒过大或过小都会影响消化；另外，颗粒过小还易造成发潮变质及"过料"现象。

2. 青绿饲料　以切碎鲜喂为好，煮熟喂不仅会降低适口性，还能破坏其中的蛋白质和维生素，降低其营养价值。

3. 块根类、块茎类饲料　胡萝卜、饲用甜菜、萝卜、南瓜等切碎后可直接鲜喂，马铃薯应切碎后熟喂。

（二）饲料配合

饲料原料加工处理后，就可以按照大围子猪的营养需要将其按比例配制成全价混合饲料。

1. 饲粮配制的原则　饲料配制原则如下：

（1）选择饲养标准应根据生产实际情况，并按照种猪可能达到的生产水

平、健康状况、气候变化等适当调整。

（2）尽量利用本地现有饲料资源。

（3）注意饲料的适口性，避免使用发霉、变质或有毒有害的原料。

（4）考虑猪的消化特点，选用适宜的饲料原料，力求多样搭配。

（5）原料选择过程中要注意节约。

2. 大围子猪种猪常用的饲料原料

（1）能量饲料　能量饲料是指干物质中粗纤维含量低于 18%、粗蛋白质含量低于 20%、每千克含有消化能 10.46 MJ 以上的饲料。这类饲料含有丰富的易于消化的淀粉，是大围子猪所需能量的主要来源，主要包括禾谷类籽实及其加工副产品、淀粉类的块根和块茎、油脂等。能量饲料在大围子猪饲料中所占比例最大，一般为 50%～70%。

①禾谷类籽实　指禾本科植物成熟的种子，主要包括玉米、高粱、大麦、燕麦、小麦、稻谷等。其营养特点：碳水化合物含量丰富，占干物质的 70%～80%，其中淀粉又占 80%～90%；消化率很高，消化能大都在 13 MJ/kg 以上；蛋白质含量低，为 8.5%～12%，单独使用时不能满足猪对蛋白质的需要；赖氨酸、蛋氨酸含量较低；钙含量少，钙与磷的比例不合适；维生素 A（黄玉米除外）和维生素 D 含量低。

生产中常用的禾谷类籽实饲料主要为玉米。玉米是主要的能量饲料，其代谢能含量为 12.9～14.5 MJ/kg，无氮浸出物约占干物质的 83%，粗纤维约占 2%，营养物质消化率高达 90% 以上，且适口性好，因此被称为"饲料之王"。但其蛋白质含量仅为 8.0%～8.7%，品质差，尤其缺乏赖氨酸、蛋氨酸和色氨酸。故在饲料配制时，应考虑其氨基酸平衡。一般地区的玉米水分指标定为 14%。玉米易感染黄曲霉毒素，购进时要注意监测。

②糠麸类　同谷实类饲料相比，糠麸类饲料的营养特点是：无氮浸出物的含量比禾谷类籽实的低，一般为 50% 左右；粗蛋白质含量比禾谷类籽实高 12%～15%，其中赖氨酸含量较高；粗纤维含量比较高，约为 10%；脂肪含量比较高，因此易酸败，不易贮存；矿物质含量较高，但磷多钙少，钙与磷比例不当；饲料体积大，吸水性强，应防止潮湿、变质；尼克酸和泛酸含量较高，其他维生素含量较低。

小麦麸俗称麸皮，由种皮、糊粉层少量的胚和胚乳组成，营养价值因面粉加工工艺不同而不同。麸皮种皮和糊粉层中的粗纤维含量较高（8.5%～

12%)，营养价值较低，能值较低（消化能为 10.5～12.6 MJ/kg）；粗蛋白质含量较高（12.5%～17%)，且质量也高于麦粒，含赖氨酸 0.67%；B 族维生素含量丰富；含钙少磷多（接近 1∶8）。麸皮容积较大，可用于调节饲粮的营养浓度；具有轻泻作用，适宜喂母猪，可以调节其消化道机能，防止便秘，喂量为 5%～25%；含有较高的阿拉伯木聚糖，喂量超过 30% 时将引起排软便。同时，麸皮吸水性强，大量干喂也可能引起便秘。

米糠是糙米加工成白米时分离出的种皮、糊粉层与胚 3 种物质的混合物，其营养价值因白米的加工程度不同而不同。蛋白质含量高，为 12% 左右；脂肪含量高，且多为不饱和脂肪酸，易氧化酸败，不易贮藏；富含 B 族维生素；含钙少磷多。米糠的饲喂量一般不超过 30%。

③块根、块茎及其加工副产品　主要有薯类（甘薯、马铃薯）、糖蜜等。这类饲料中的干物质主要是无氮浸出物，因此常被列入多汁饲料，但水分含量比多汁饲料的少，为 70%～75%；粗纤维含量低，占干物质的 4% 左右；钙含量较少。作为能量饲料使用的主要是去除水分后的根、茎和瓜类。

④油脂　大围子猪种猪生产性能的不断提高，对日粮养分浓度尤其是日粮能量浓度的要求越来越高，而用常规的饲料难以配制出高能量饲粮。油脂最大的特点是能量高，其能值是蛋白质和碳水化合物的 2～2.5 倍，代谢能高达 32.35～36.95 MJ/kg。不仅如此，油脂还有减轻热应激、提高粗纤维的饲用价值、改善饲料风味、提高适口性、减少粉尘、改善制粒效果等优点。

(2) 蛋白质饲料　蛋白质饲料是指干物质中粗纤维含量低于 18%、粗蛋白质含量等于或高于 20% 的饲料。包括豆科籽实、饼粕类、动物性蛋白质饲料类、单细胞蛋白质饲料等。

①豆科籽实　主要包括黄豆、黑豆、蚕豆、豌豆等。其优点是，蛋白质含量高（20%～40%)，品质优良；缺点是含有多种有毒有害的抗营养因子。例如，豆科植物中普遍存在的蛋白酶抑制剂等，会抑制某些酶对蛋白质的消化，降低蛋白质的消化利用率，引起胰腺重量增加，抑制猪的生长；但加热可以脱毒。

②饼粕类　饼粕类的生产技术有两种，溶剂浸提法的副产品为"粕"，压榨法的副产品为"饼"。其特点是粕的蛋白质含量高于饼，但脂肪含量低于饼。且压榨过程中的高温、高压导致蛋白质变性，氨基酸被破坏，但也破坏了有毒有害物质。在大围子猪种猪饲粮中常用的有大豆饼粕、棉籽饼粕、菜籽饼（粕）等。

A. 大豆饼粕　适当处理后的大豆饼粕是大围子猪的优质蛋白质饲料原料，适口性好，适用于任何生长阶段的大围子猪种猪，但应防止过食。当其中的脲酶活性在 0.03～0.4 时，饲喂效果最佳。在大围子猪种猪日粮中的添加量为 0～25%。

B. 棉籽饼粕　是大围子猪良好的色氨酸来源，但其蛋氨酸含量低，大围子猪母猪用量为 3%～5%。

C. 菜籽饼（粕）　氨基酸组成平衡，硫氨酸含量较多，精氨酸含量低，精氨酸与赖氨酸的比例适宜，是一种良好的氨基酸平衡饲料。由于其含有抗营养因子，因此适口性受到影响，饲用价值明显低于大豆饼粕。大围子猪母猪用量低于 3%。

③动物性蛋白质饲料　动物性蛋白质饲料是鱼类、肉类和乳品加工的副产品，以及其他动物产品的总称。其特点是蛋白质含量高，大都在 55% 以上，各种必需氨基酸含量高，品质好，几乎不含粗纤维；维生素含量丰富；钙、磷含量高，是一类优质蛋白质补充料。主要种类有鱼粉、肉骨粉、血粉、羽毛粉、蚕蛹、乳清粉等。

④单细胞蛋白质饲料　单细胞蛋白质饲料指用饼粕或玉米面筋等做原料，通过微生物发酵而获得的含大量菌体蛋白的饲料，包括酵母、真菌、藻类等。特点是应用较广泛，一般含蛋白质 40%～80%。除蛋氨酸和胱氨酸含量较低外，其他各种必需氨基酸的含量均较丰富，仅低于动物性蛋白质饲料。酵母富含 B 族维生素，含磷高，含钙少，一般饲喂量为 2%～3%。

⑤糟渣类　常用的糟渣有粉渣、豆腐渣、酱油渣、醋糟、酒糟等。由于原料和产品种类不同，因此各种糟渣的营养价值差异很大。特点是含水量高，不易贮存；按干物质计算，很多糟渣可归入蛋白质饲料，但有的含量较低。

（3）矿物质饲料　矿物质饲料是补充大围子猪矿物质需要的饲料，包括人工合成的、天然单一的和多种混合的矿物质饲料。需要补充的矿物质饲料种类如下：

①食盐　添加量为 0.2%～0.5%。

②含钙的矿物质饲料　有石粉、贝壳粉等。

③含磷的矿物质饲料　有磷酸钙、磷酸氢钙等。

④其他矿物质饲料　有麦饭石、沸石、膨润土等。

（4）饲料添加剂　饲料添加剂是指在天然饲料的加工、调剂、贮存、饲喂等过程中，人工另外加入的各种微量物质的总称。与能量饲料、蛋白质饲料和矿物质饲料共同组成配合饲料。饲料添加剂在配合饲料中的添加量很少，但作为配合饲料的重要微量活性成分，有完善配合饲料营养、提高饲料利用率、促进生长发育、预防疾病、减少饲料养分损失、改善猪肉产品品质等重要作用。

根据动物营养学原理，一般将饲料添加剂分为营养性添加剂和非营养性添加剂两大类。

①营养性添加剂　用于平衡饲粮养分，主要包括如下成分：

A. 氨基酸　谷物饲料是大围子猪的主要饲料，但它只能提供约50%所需的可消化氨基酸，其他则可由高蛋白质饲料来提供。当其仍不能满足大围子猪所需要的所有氨基酸的含量时，工业合成的氨基酸就起到了不可替代的作用。目前，在大围子猪种猪配合饲料中主要使用的氨基酸有赖氨酸、蛋氨酸、苏氨酸和色氨酸。

B. 微量元素　大围子猪用矿物质饲料添加剂占饲粮比例虽然不大，但因含有猪体不可缺少的多种矿物质常量和微量元素，因此是大围子猪生长发育不可缺少的物质。在大围子猪饲料中应用的微量元素添加剂主要有铁、铜、锌、锰、硒、碘、钴和钼。

C. 维生素　维生素是最常用也是最重要的一类饲料添加剂，列入饲料添加剂的维生素有16种以上。在各维生素添加剂中，氯化胆碱、维生素A、维生素E及烟酸的使用比例最大。在以玉米和豆粕为主的饲粮中，通常需要添加维生素A、维生素D_3、维生素E、维生素K、维生素B_2、烟酸、泛酸、氯化胆碱及维生素B_{12}。对大围子猪而言，常用谷物及其副产品中的烟酸几乎不能被利用，其需要量主要依靠添加外源维生素来供给。

②非营养性添加剂　具有刺激生长、提高饲料利用率、改善健康状况等功效，主要分为以下几类：

A. 生长促进剂　有抗生素、合成抗菌剂、益生素、激素及类激素。

B. 驱虫保健添加剂　有驱蠕虫剂和抗球虫剂。

C. 饲料保存剂　有抗氧化剂、防霉剂及青贮添加剂。

D. 生物活性制剂　有酶制剂、寡糖、酵母及酵母培养物。

E. 其他添加剂　有酸化剂、饲料风味剂、中草药制剂等。

3. 农村养猪户在饲料供给方面存在的问题　主要有：①过分强调节省饲料，使饲养水平过低；过量加粗饲料和水，导致饲料营养价值低，降低了消化利用率与生产效率。②大围子猪母猪哺乳期饲养水平过低，不足需要量的一半，造成仔猪生长慢、育成率低，母猪掉膘过多，断奶后再配时间延长。③饲料配合不平衡，蛋白质饲料和矿物质饲料的缺乏导致大量饲料被浪费。

三、大围子猪典型的日粮结构

1. 营养需要　大围子猪是我国主要地方猪品种之一，其营养需要与外来猪种有差别，其具体指标见表5-1。

表5-1　大围子猪营养需要

类　型	阶段 （kg）	消化能 （mcal*）	代谢能 （mcal）	粗蛋白质 （%）	钙 （%）	磷 （%）	食盐 （%）
后备种猪	30~60	2.90	2.70	12	0.6	0.5	0.3
妊娠母猪	前期	2.80	2.65	11	0.61	0.5	0.32
	后期	2.80	2.65	12	0.61	0.5	0.32
哺乳母猪		2.90	2.80	14	0.64	0.5	0.44
种公猪		3.00	2.87	14	0.66	0.5	0.35
仔猪	1~5	4.00	3.62	27	1.00	0.8	0.25
	5~10	3.60	3.31	22	0.80	0.65	0.25
	10~15	3.31	3.05	18	0.65	0.55	0.25
生长育肥猪	15~30	3.10	2.88	16	0.55	0.45	0.3
	30~60	3.10	2.88	14	0.55	0.45	0.3
	60以上	3.10	2.88	12	0.5	0.4	0.3

2. 典型日粮　在实际生产中，大围子猪的典型日粮见表5-2。

表5-2　大围子猪饲料配方

原料名称	饲料配方					
	小猪料	中猪料	大猪料	妊娠母猪料	哺乳母猪料	生产公猪料
玉米（%）	65	65	67	59	58	58
豆粕（%）	24	17	11	9	14	14
麦麸（%）	7	14	18	24	24	24
谷壳糠（%）				4		
预混料（%）	4	4	4	4	4	4
合计（%）	100	100	100	100	100	100

---

* 非法定计量单位，1cal≈4.186J。

第六章
大围子猪饲养管理技术

第一节 大围子猪母猪围产期的饲养管理

大围子猪母猪围产期是指产前 7d 至产后 7d 的这段时间，此期管理目标是使大围子猪母猪安全分娩，顺利产仔，多产活仔，促进大围子猪母猪产后泌乳，使仔猪健康发育，快速生长。

一、妊娠母猪产前准备

1. 产房准备　产房的总体要求是整洁卫生、阳光充足、空气清新、产栏舒适。彻底清扫产房，用 5‰新鲜石灰水对圈舍进行消毒，对产床和补料槽进行认真冲洗，并且用 2‰氢氧化钠溶液喷洒消毒，有条件的最好用甲醛熏蒸消毒。检查饮水器功能是否正常。产房夏季要有降温通风设备，冬季要有保温供热设备，产房温度控制以 15～20℃为宜。有仔猪保温箱的猪场，应提前 2d 将保温箱温度调整到 32℃。

2. 接产用品准备　准备好 2‰碘酒、胶皮手套、注射器、针头、石蜡、催产素、青霉素等接产用品，务必要准备消毒药品、抗生素等药物。另外，还要准备垫草、剪子、钳子、保温灯、疫苗、产仔记录本、耳号钳等。记录本主要是记录仔猪号、仔猪的父本和母本、仔猪的体重等。

二、母猪产前的饲养管理

1. 转入产床　提前 5～7d 将临产母猪转入产床，进产床前对猪体进行清洗消毒，尽可能使猪体少沾粪便。同时，驱除体内外寄生虫。要多接触母猪，避免母猪产仔时出现不让人接近的恶癖。

2. 饲喂 一般体况较好的母猪，在产前5～7d应逐渐减少20%～30%的精饲料喂量，到产前2～3d进一步减少30%～50%，避免产后初期乳量过多、过稠引起仔猪下痢或母猪发生乳腺炎。尽量少喂干、粗及不易消化的纤维饲料；体况一般的母猪不减料，对体况较瘦的母猪，不但不能减料，反而应加喂富含蛋白质的催乳料和青绿多汁饲料。产前2～3d不要喂得过饱，可适当增加麦麸等带轻泻性的饲料，并且保证供给充足的清洁饮水，以防母猪因便秘而导致难产。母猪临产当日只喂豆粕、麸皮，少量加温食盐汤，防止便秘。

3. 清洁与消毒 临产前2～3d用温热水冲洗猪体，如果有污垢或粪便粘在母猪体表，可以用毛刷轻轻刷洗，再用温热水冲洗干净。这样做，可以保证产床的清洁卫生，减少初生仔猪感染疾病的概率。同时，再用2%来苏儿溶液对母猪腹部、乳头和阴户进行彻底消毒。

4. 接产技术

(1) 接产人员消毒 母猪产仔时要保持产房安静，接产人员最好由该母猪饲养员担任。接产人员应剪平指甲，并且将手臂洗净后用2%来苏儿溶液消毒。

(2) 接产工具消毒 关好产房门窗，对接产工具进行必要的消毒处理。尽量让母猪侧卧分娩，用0.1%高锰酸钾溶液对母猪腹部、乳区、臀部、外阴部进行擦洗消毒。

(3) 分娩过程 经过几次剧烈阵缩和努责后，母猪胎衣破裂，血水、羊水流出，一般30min内可产出第1头仔猪，随后一般每隔5～25min产出1头仔猪，整个分娩过程持续1～4h。

5. 仔猪产出的处理 仔猪产出后，接产人员应迅速用清洁的毛巾擦去其口、鼻中的黏液，使仔猪尽快用肺呼吸，然后再擦干全身。天气较冷时，应立即将仔猪放入保温箱内，烘干身体。仔猪脐带停止波动时即可断脐，方法是让仔猪躺卧，先将脐带内的血液向仔猪腹部方向挤压，然后在离腹部5～6cm处将脐带钝性撕断，脐带断头处涂碘酒消毒。

6. 检查胎衣排出 胎衣全部排出需3h，超过3h就应及时注射垂体后叶素，促使胎衣被全部排出。胎衣全部或部分未排出，会在子宫内腐败，造成母猪产后高热而无奶。检查胎衣是否被全部排出的方法是，检查胎衣上的脐带头数量与仔猪数量是否相等，相等说明胎衣被全部排出。

7. 母猪产后消毒 母猪产后最好做子宫冲洗，并且注射抗生素。为帮助母猪排出恶露和子宫复位，防止发生子宫内膜炎，可在最后 1 头仔猪出生后 36～48 h 一次性肌内注射前列腺素 2 mL。

三、母猪产后的饲养管理

1. 饲喂　母猪产后可让其先休息 0.5～1 h，然后再给其适当饲喂温热的蛋白质饲料，如麸皮汤、豆饼汤等，也可喂一些轻泻饲料，以防止母猪发生便秘。母猪产后体力虚弱，如果饲喂过多的饲料，则会损伤消化机能，因此产仔当天可不喂料，仅给母猪饮温热水即可，也可适当补喂电解多维及补液盐。过早加料可能引起母猪消化不良、乳质变化及仔猪腹泻。母猪产后 2～3 d 内不能喂得过多，以后随着体质的逐渐恢复，再逐渐增加投喂量，一般在产后 3～4 d 恢复到产前的喂料量。对体质较差、乳量较少的母猪，其产后可饲喂正常数量的饲料，以保证有足够的营养物质满足泌乳需要。带 10 头以上仔猪时，每头母猪每天应加喂 0.5 kg 饲料，同时还要保证饮水充足、清洁。

2. 清洁猪舍　母猪分娩后，要保持圈舍及周围环境的安静，减少其对母猪的刺激；同时，猪舍要保持温暖、干燥、卫生、空气新鲜。

3. 母猪拒绝哺乳的处理　初产母猪缺乏哺乳经验，往往还会发生拒绝哺乳的现象。若母猪拒绝哺乳，可以给其肌内注射盐酸氯丙嗪 2～4 mg/kg（以体重计），使母猪安静睡觉，然后让仔猪吃奶。经过几次这样的哺乳，母猪就可习惯。对于不让人接近、无法注射盐酸氯丙嗪的初产母猪，可将浸满酒精或白酒的馒头扔到母猪面前，母猪醉倒后再让仔猪吃奶。另外，对于因营养不良而无奶、仔猪吃不饱总跟着母猪吃奶、母猪烦躁而拒绝哺乳的，只要加强营养，母猪有奶后，就不会拒绝哺乳。

第二节　大围子猪哺乳仔猪的饲养管理

哺乳仔猪（乳猪）是指从出生到断奶这一阶段的仔猪，生长速度最快、可塑性最大、最有利于定向选育。在这一阶段，做好哺乳仔猪的管理工作是巩固育种效果、降低生产成本的关键。

一、哺乳仔猪的主要特点

哺乳阶段的仔猪生长发育快，生理机能不成熟，代谢功能旺盛，利用养分

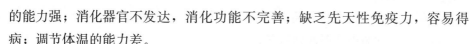

的能力强；消化器官不发达，消化功能不完善；缺乏先天性免疫力，容易得病；调节体温的能力差。

二、哺乳仔猪的饲养管理

针对初生仔猪反应不灵敏、抵抗力差、免疫力弱、抗寒能力差、消化机能不完善、极易受伤害等特点，大围子猪哺乳仔猪的饲养管理主要应做好以下工作。

(一)抓乳食，过好初生关

(1)安排专人接生，做好接生工作，防止仔猪被冻死、被压死或因母猪难产而死在腹中。

(2)及时抢救"假死仔猪"，必要时可进行人工呼吸。

(3)出生24 h内剪犬齿和断尾，防止咬伤母猪乳头、咬尾和争斗。

(4)固定乳头，即早吃初乳。初乳中含有较高的免疫球蛋白和镁盐，可使仔猪产生免疫抗体，以帮助其排出胎粪，提高免疫力。一般在出生后2 h内一定要让仔猪吃足初乳。在出生后2～3 d内要进行人工辅助固定乳头，弱小仔猪最好吮吸靠前乳头。

(5)仔猪的适宜温度1～3日龄为30～32℃，4～10日龄为28～30℃，10～30日龄为26～28℃，因此要加强保温、防冻防压。一般采用红外线灯保温，防压主要是设仔猪栏或护仔箱和保持母猪安静。

(6)初生仔猪可在吃初乳前口服庆大霉素或其他抗生素，以防发生仔猪黄白痢。

(二)抓开食，过好补料关

1. 及时补铁、防贫血　仔猪一般在出生72 h内每头注射100～200 mg铁剂，7 d内根据仔猪状况可考虑第二次补铁，以利于仔猪生长。

2. 及时补硒　仔猪在出生72 h内和断奶时，肌内注射0.1%亚硒酸钠注射液0.5～1.0 mL，以防出现仔猪白肌病和水肿病。

3. 及时补料和补水　补料的目的是促进仔猪胃肠发育成熟，一般在5～7日龄开始。补料时要尽量少喂勤添，防止饲料浪费。每天要将剩余的部分清出喂母猪，料槽清洗消毒后再用。另外，仔猪代谢旺盛，一定要保证充足而又清洁的饮水。

（三）抓旺食，过好断奶关

母猪在产后 3 周泌乳达到高峰，然后逐渐下降。这时单靠母乳不能完全满足仔猪快速生长的需要，故仔猪必须在出生后 10～15 日龄时采食乳猪料来满足其生理需要，以促进快速生产、提高断奶窝重和降低断奶应激，具体做法如下：

（1）选择营养浓度高、平衡、适口性消化性好的乳猪料。

（2）少喂勤添，以适应肠胃功能，减少腹泻的发生。

（3）断奶时避开疫苗注射、转群、阉割等应激因素。

（4）断奶时赶走母猪，仔猪留在原圈饲养 2～3 d。

第三节　大围子猪保育猪的饲养管理

保育猪也叫断奶仔猪，它对环境的适应能力，虽然比新生仔猪明显增强，但较成年猪仍有很大差距。另外，仔猪在断奶前，大概每小时吸入 1 次母奶，但断奶后母乳被突然停止，取而代之的是固体日粮，这可能会引起仔猪短时期内拒绝吃食。在经过 12～24 h 的饥饿后，仔猪可能会采食大量的饲料而引起下痢。因此这个时期，主要是制定良好的保育猪营养和饲喂程序，以便在生产中减轻仔猪在断奶后由母乳向固体日粮转换时的经济损失；另外，还要控制猪舍环境及猪群内的环境，减少应激，控制疾病。

一、饲料原料的选择

（一）选择适宜的蛋白质原料

保育料中蛋白质来源对仔猪小肠绒毛萎缩的程度有较大影响。仔猪饲粮中植物蛋白比例太高还会引起消化不良和腹泻，因此应尽可能提高断奶仔猪饲粮中动物性蛋白质的比例。在鱼粉、脱脂奶粉、乳清蛋白粉、喷雾干燥血粉和喷雾干燥猪血浆蛋白中，以喷雾干燥猪血浆蛋白的应用效果最佳，可在保育料中添加。一般来说，保育料中粗蛋白质含量应控制在 18%～20%。

（二）添加适宜的脂肪

大量试验表明，早期断奶仔猪饲料中添加脂肪可以改善适口性，提高仔猪的增重及饲料利用率。从提高日粮能量浓度来讲，添加油脂是很好的选择。但日粮中添加脂肪的效果与所加油脂的质量有很大关系。刚断奶的仔猪对不饱和脂肪的利用率高于饱和脂肪。仔猪对植物性油脂，（椰子油、玉米油、大豆油）的利用率比动物性油脂（牛油、猪油）要好。最好使用植物混合油，一般添加比例为2%。断奶仔猪饲料的消化能应控制在13.8 MJ/kg左右。

（三）适当添加添加剂

1. 酸制剂　在断奶仔猪日粮中适当添加有机酸制剂可以提高仔猪的生长性能。有机酸可降低胃内pH，增强胃蛋白酶活性，抑制病原微生物尤其是大肠杆菌的生长与繁殖，因此可提高仔猪对日粮养分尤其是蛋白质的消化率，降低仔猪腹泻。一般在早期断奶仔猪日粮中添加1%～2%的柠檬酸、延胡索酸或甲酸，可以显著提高蛋白质消化率、降低腹泻病的发生率。

2. 酶制剂　在仔猪日粮中添加外源性酶（β-葡聚糖酶、植酸酶等），可以减轻或消除饲料抗营养因子的影响，弥补内源性消化酶的不足，促进各种营养物质的消化与吸收，提高饲料利用率，消除消化不良，减少腹泻的发生。在断奶仔猪日粮中添加0.15%的复合酶可使仔猪日增重提高10%以上，饲料转化率提高1.5%左右，腹泻发病率下降20%以上。

3. 益生菌制剂　益生菌制剂是指通过改善肠道微生物平衡而对动物产生有利影响的活的微生物饲料添加剂，现已被广泛应用在养殖业生产中，在绿色饲料生产中具有广阔的应用前景。在断奶仔猪日粮中添乳酸菌、酵母菌等益生菌及寡聚糖等化学益生素，可以明显改善肠道微生物的生存环境，抑制病原菌的生长，促进有益菌的繁殖及提高其活性，从而防止断奶仔猪出现腹泻，促进仔猪的生长发育。

4. 添加免疫增强剂　目前市场上已生产出专用于早期断奶仔猪的免疫球蛋白，可通过饲料和饮水添加，能增强断奶仔猪的免疫力和抗病力。另外，在日粮中添加维生素E、免疫球蛋白、谷氨酰胺、铁、锌等也可增强仔猪的免疫力。

二、饲养管理

（一）舍内环境的管理

早期断奶仔猪对环境的要求较高，管理主要从以下几方面入手：

1. 圈舍环境不变　仔猪断奶后 1～3 d 很不安静，经常嘶叫和寻找母猪，夜间尤甚。采取原圈饲养，让仔猪原来熟悉的休息、饮食、排泄等环境不变，可减少应激发生。如果需要调换圈舍，则应在断奶前半月随母猪一起进行，或断奶后半月进行。

2. 饲养人员不变　原来饲喂母猪的饲养员了解母猪和仔猪的习性，应继续让其饲喂断奶仔猪，保证仔猪能按时吃料和饮水；不仅如此，让熟悉情况的饲养人员饲喂仔猪，还容易发现得病的仔猪，做到及时治疗。

3. 做好防寒保温工作　仔猪对低温的适应能力差，如果在温度低的季节进行早期断奶，则会加剧仔猪的寒冷应激，此时就要特别做好防寒保温措施。

4. 确保舍内卫生和消毒　实行"全进全出"制，对舍内环境进行严格的消毒；勤清粪、少冲洗，舍内空气湿度控制在 60%～70%；训练仔猪进行定点排便，使仔猪慢慢养成定点排便的习惯；加强通风，降低舍内氨气、二氧化碳等有害气体浓度，以减少其对仔猪呼吸道的刺激，从而减少呼吸道疾病的发生。

5. 规范免疫程序　严格按照免疫程序及时给仔猪注射疫苗。

（二）饲养技术

断奶后的饲喂关键是让仔猪尽快吃饲料，使其所需营养得到不中断供给。

（1）从仔猪断奶前的 4～5 d 开始，逐步减少母猪的饲喂量，控制母猪饮水，使母猪泌乳量减少，让仔猪先尝饲料后再去吸乳，降低仔猪对母乳的兴趣。

（2）从断奶的一刻起，料槽中就一直放少量新鲜、优质、适口性好、消化率高的断奶前期饲料，将饲料用水拌成粥状，最好用适量牛奶或羊奶拌饲。这样断奶仔猪认料快，吃得多，断奶应激小，成活率较高。

第四节　大围子猪生长育肥猪的饲养管理

生长育肥猪是指养猪生产中从育成到最佳出栏上市时的猪只，该阶段的猪生长速度最快，饲料消耗占养猪饲料总消耗的 78%，超过全部生产成本的 60%，也是决定生猪饲养者获得最终效益高低的重要时期。

一、生长育肥猪的生理特点和发育规律

根据育肥猪的生理特点和发育规律，按体重可将其生长过程划分为两个阶

段，即生长期和育肥期。

1. 生长期　大围子猪生长期的体重范围是 20～60 kg。当猪处于生长期时，身体各个器官并没有发育好，特别是在体重刚生长到 20 kg 时，消化系统并不完善，其体内的消化液也不能够完全满足自身需要，身体内的营养物质也并不能够得到吸收和利用。同时，此时期猪的胃不大，神经系统和机体对外界环境的抵抗力也不完善，而且骨骼、肌肉和脂肪的发育速度也比较慢。

2. 育肥期　育肥期就是猪体重在 60 kg 至出栏的时期。此时，猪身体的各个组织和器官都已经趋于成熟、完善，特别是消化系统已经得到了很大程度的发展，能够很强地消化各类饲料，基本上能够适应外界的温度、湿度等变化。这个时候的脂肪生产也很快，但肌肉和骨骼的发育却比较慢。

二、生长育肥猪的营养需要

猪的生长速度、对饲料的利用率、瘦肉率等指标，可以反映出饲养育肥猪后获得的实际经济效益。因此，要合理配制育肥猪的日粮，进而为其生长能够达到最优化提供保障，同时提高饲料的利用率和瘦肉的生产率。通常，猪每日的生长率跟猪的日采食量成正比，而猪所沉淀的脂肪也跟饲料的利用率成正比。然而，这时候就会降低瘦肉率，胴体品质也会变差。在这个过程中，更为复杂的是猪对蛋白质的需求，因此一定要兼顾到蛋白质量的需求和氨基酸之间的平衡和利用率。当能量比较高的时候，其机体内的胴体品质就会降低；但是当蛋白质含量适中时，猪体内胴体品质就能够得到改善，因此就需要猪日粮具有适宜的能量蛋白比。猪是单胃杂食性动物，对粗纤维的利用率很有限，在外部条件不变，当饲料粗纤维水平提高、能量摄入量减少时，猪的增重速度和饲料利用率就会降低。因此，在配制日粮时，不应该添加过高的粗纤维，育肥期应该低于 8%。猪在正常生长和发育时，不可缺少的是矿物质和维生素。矿物质和维生素长期过量或不足时，就会打乱猪的新陈代谢，或者使猪增重速度减缓，或者促使猪死亡。

三、生长育肥猪的饲养管理

(一) 生长育肥猪的饲养

1. 日粮搭配多样化　在为大围子猪配制日粮时，一定要避免使用单一饲料，要为其配制营养比较全面的饲料，这样才能够为大围子猪的健康、快速增长提供有力保障。当为猪配制的营养比较全面时，就可以发挥蛋白质和其他营养物质的互补作用，从而提高蛋白质的利用率并促进猪的消化。

2. 饲养方式 饲养方式可分为自由采食与限制饲喂两种。体重在 50～60 kg 以前，给予高能量、高蛋白质的日粮，尽快使猪多长瘦肉，并得到高的日增重和饲料利用率；体重在 50～60 kg 以后，在不影响日增重的情况下，适当限制日粮能量水平，能够控制脂肪的大量沉积，获得瘦肉率高的胴体。生产中可采用先敞开后限制的饲养方式。体重在 60 kg 以前，让猪自由采食或者不限量按顿饲喂，食后稍有剩料，以促进增重和肌肉充分生长；体重在 60 kg 以后，限量饲喂，让猪吃到自由采食量的 80%～85%，这样既不影响增重，又不减少体脂肪的沉积量。

3. 饲料品质 饲料品质不够好时，就会减缓猪增重和降低饲料利用率，同时还会对胴体品质造成影响。由于猪属于单胃杂食动物，因此这样就会造成饲料中的不饱和脂肪酸在猪机体内沉淀，会使酮体体质变软，不宜于长期保存。因此，育肥猪在上市前 2 个月给其喂食含不饱和脂肪酸就显得非常重要，这样才能够防治其机体变软。

4. 供给充足的清洁饮水 在调节体温、饲料营养的消化吸收和剩余物排泄方面，水起到非常重要的作用。水质不好时，会引入很多病原体。因此，一方面要保证水量，另一方面要保证水的质量。

(二) 生长育肥猪的管理

1. 分群与调教 大围子猪生长育肥猪最好原窝饲养，根据品种、性别、体重和采食情况进行合理分群，同一群猪个体间体重差异不能过大，在仔猪阶段，群内全重差异不宜超过 2～3 kg，以保证猪的生长发育均匀。分群时，一般掌握"留弱不留强""夜合昼不合"的原则。猪从保育舍转到育肥舍后，变换了饲养环境，此时应对其进行调教，使其养成"三点定位"的习惯，即猪采食、睡觉和排粪尿固定。这样不仅能够简化日常管理工作，减轻劳动强度，还能保持猪圈清洁卫生。做好调教工作，关键在于抓得早、抓得勤，勤守候、勤赶、勤调教。

2. 去势、防疫和驱虫

(1) 去势 我国猪种性成熟早，一般在出生后 35 日龄左右、体重 5～7 kg

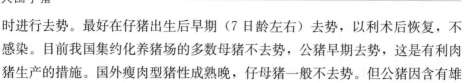

时进行去势。最好在仔猪出生后早期（7 日龄左右）去势，以利术后恢复，不感染。目前我国集约化养猪场的多数母猪不去势，公猪早期去势，这是有利肉猪生产的措施。国外瘦肉型猪性成熟晚，仔母猪一般不去势。但公猪因含有雄性激素，有难闻的腥味，影响肉的品质，因此通常是将公猪去势用作肉猪生产。

（2）防疫　预防猪瘟、猪丹毒、猪肺疫、仔猪副伤寒、伪狂犬病等传染病，必须制定科学的免疫程序。

（3）驱虫　肉猪的寄生虫主要有蛔虫、姜片吸虫、疥螨、虱子等体内外寄生虫，通常在 50～60 日龄使用通灭进行驱虫，一般一次即可。驱虫后排出的粪便，要及时清除并堆制发酵，以杀死虫卵，防再度感染。

3. 防寒与防暑　当猪舍温度过低时，猪就会增加对维持体温的热能，而且每日猪的体重增量也会减少；当猪舍温度过高时，就会降低食欲，其自身代谢也会增强，并降低饲料的利用率。因此，必须做好夏季防暑降温、冬季御寒保温的工作。夏季可多用水冲圈、淋浴猪体或者使用遮阳网，同时采用纱网密封猪舍防止被蚊蝇叮咬，控制疾病传播。冬季注意防寒保暖，堵塞孔隙防止贼风入舍，使用垫草或木板保暖或者使用塑料布保暖，使用两层塑料布并且中间有一定隔热层的效果最好。

4. 做好常见多发病的防治工作　养猪环境要求清洁干燥、空气新鲜、温湿度适宜。猪舍内每天定时清扫，舍内应每周带猪消毒 1～2 次，保证地面、墙角和运动场都应消毒到位。为防止育肥猪群发生肠道病，可以在饲料中定期添加安全系数大、毒性低、无残留、作用强、广谱的抗生素。

第七章
大围子猪保健与疫病防控

第一节　大围子猪猪群保健

随着现代化养猪技术的迅速发展，猪的生产力得到很大提高。但由于引种过于频繁，猪场设施和饲养管理等方面不够完善，猪场各类疾病的发生增多，致使很多猪场长期带毒带菌，猪群处于亚健康状态。因此，对猪群进行合理保健的要求也越来越高。只有真正做到防患于未然，才能有效保障猪群健康，提高猪的生产性能，并降低生产成本。

大围子猪猪群保健包括：猪场选址和布局、加强饲养管理、卫生消毒、免疫接种、种源净化、保健及疫病预防等。

一、猪场选址和布局

（1）猪场应选建在地势高燥、背风、向阳、水电充足、水质卫生良好、排水方便、无污染的沙质土地带。

（2）猪场交通方便，但应远离城镇、居民区、铁路、公路500 m以上，离屠宰场、畜产品加工厂、污水处理场所、风景区水源保护地1 000 m以上。

（3）猪场应按育种核心群-良种繁殖场-一般繁殖场顺序布置，育种核心群在上风向，每个分场按生活管理区-生产配套区（饲料加工车间、仓库、兽医化验室、消毒更衣室等）-生产区（猪舍）排列，并且严格做到生产区和生活管理区分开，生产区周围应有防疫保护设施。生产区按配种怀孕舍、分娩舍、保育舍、生长测定舍、育成舍、装猪台从上风向下风方向排列。

二、加强饲养管理

(1) 根据季节气候的差异，做好小气候环境的控制，适当调整饲养密度，加强通风，改善舍内的空气环境。做好防暑降温、防寒保温、卫生清洁等工作，使猪群在一个舒适、安静、干燥、卫生的环境中生活。

(2) 实行分群饲养，提供猪群不同时期各个阶段的营养需要，保证免疫系统的正常运转。

(3) 加强运动，增强机体抵抗力，降低易感性，有计划地进行疾病的药物预防。

(4) 实行标准化饲养，着重抓好母猪进产房前和分娩前的猪体消毒、初生仔猪吃好初奶、固定乳头和饮水开食的正确调教、断奶和保育期饲料的过渡等问题，减少应激，防止母猪、仔猪疾病的发生。

(5) 采用"全进全出"的饲养方式，栏舍经严格冲洗消毒，空置几天后再进新猪群。

(6) 猪场大门口必须设立消毒池，并装有喷洒消毒设施。人员进场时应经过消毒通道，严禁闲人进场，外来人员来访必须登记，把好防疫第一关。

(7) 生产区最好有围墙和防疫沟，并且在围墙外种植荆棘类植物，形成防疫林带，只留人员入口、饲料入口和出猪舍，减少猪场与外界的直接联系。

(8) 生活管理区和生产区之间的人员入口和饲料入口应以消毒池隔开，人员必须在更衣室沐浴、更衣、换鞋，经严格消毒后方可进入生产区。猪舍门口设消毒脚盆，生产人员经再次消毒后方可进入猪舍；生产人员不得互相串舍，各猪舍用具不得混用。

(9) 外来车辆必须在场外经严格冲洗消毒后才能进入生活管理区和靠近装猪台，严禁任何车辆和外来人员进入生产区。

(10) 加强装猪台的卫生消毒工作。装猪台平常应关闭，严防外来人员和动物进入；禁止外来人员上装猪台，卖猪时饲养人员不准接触运猪车；任何猪只一经赶至装猪台，则不得再返回原猪舍；装猪后对装猪台进行严格消毒。

(11) 饲料应先由本场生产区外的饲料车运到饲料周转仓库，再由生产区内的车辆转运到每栋猪舍，严禁将饲料直接运入生产区内。生产区内的任何物品、工具（包括车辆），除特殊情况外不得离开生产区，任何物品进入生产区必须经过严格消毒。

(12) 种猪场还应设种猪选购室，选购室最好和生产区保持一定距离，介于生活区和生产区之间，以隔墙（留密封玻璃观察窗）或栅栏隔开。外来人员进入种猪选购室之前必须先更衣换鞋、消毒，在选购室挑选种猪。

（13）场内生活区严禁饲养其他畜禽，尽量避免猪、狗、禽鸟进入生产区，严禁从场外带入偶蹄兽的肉类及制品。

（14）休假返场的生产人员必须在生活管理区隔离 2 d 后方可进入生产区工作，猪场后勤人员应尽量避免进入生产区。全场工作人员禁止兼任其他畜牧场的饲养等工作和屠宰贩卖工作。保证生产区与外界环境有良好的隔离状态，全面预防外界病原侵入猪场。

三、卫生消毒

消毒工作是切断疫病传播途径、杀灭或消除停留在猪体表存活病原体的有效办法。猪场应定期对生活管理区、生产区、猪舍内外环境（特别是卫生死角）、猪体进行认真、严格的消毒。猪场应制定严格的消毒制度，并严格执行。

1. 消毒种类　根据防治传染病的作用及其时间，猪场消毒可以分为预防性消毒和疫情期消毒。疫情期消毒又可分为疫情期间的消毒和疫情结束后的终末消毒。

（1）预防性消毒　是在疫情静止期，为防止疫病发生，确保养猪安全所进行的消毒。现代化猪场一般每月 2 次全场彻底大消毒，每周 1～2 次的环境、圈栏带猪消毒。

（2）疫情期消毒　是以消灭病猪所散布的病原为目的而进行的消毒，消毒重点是病猪集中区域、受病原污染区域。消毒工作应提早进行，且每隔 2～3 d 进行 1 次。疫情结束后，为彻底消灭病原体，要进行 1 次终末消毒，对病猪周围一切物品、猪舍、猪体表进行重点消毒。

2. 消毒对象

（1）生活区　办公室、食堂、宿舍及其周围环境每月彻底消毒 1 次。

（2）更衣室和工作服　更衣室每周消毒 2 次，工作服清洗时消毒。

（3）车辆　进入生产区的车辆必须彻底冲洗、消毒，消毒后车辆停留 30 min 以上方可进入，随车人员消毒方法同生产人员一样。

（4）销售周转区　每售一批猪后，周转猪舍、出猪台、磅秤、周围环境等则彻底消毒 1 次。

（5）生产区正门消毒池　每周至少更换消毒液 2 次，以保持有效浓度。雨后和消毒水受污染时，需重新配制消毒液。

（6）生产区环境　生产区道路及两侧 5 m 内范围，每月至少消毒 2 次。

（7）各栋猪舍门口消毒池与消毒盆　每周更换池、盆消毒液 2 次，保持有效浓度。

（8）猪舍和猪群　每周至少固定时间消毒 2 次，如周一和周五，如因天气原因可推迟 1 d。

（9）人员消毒　人员进入生产区前需沐浴更衣，换上已消毒好的衣物和水鞋。人员进入生产区和猪舍时必须脚踏消毒池，且洗手消毒。随身携带的手机、工具等物件需在紫外灯下照射 10 min 以上方可带入生产区。

3. 消毒方法

（1）物理消毒法　常用的有紫外线消毒和火焰灼烧。紫外线是一种低能量的电磁辐射，具有杀菌作用，太阳光中具有极强的紫外线，是天然的消毒剂。运动场及能移到室外的用具与设备等，都可利用阳光照射消毒；工作服、工作鞋等其他用具也可放置到装有紫外线灯的消毒房消毒。火焰灼烧可以杀死物体中的全部微生物，金属器具、水泥墙壁、地板、产床等，可用短暂的燃烧火焰消毒；病猪的尸体、垫料及其他污染的废弃物可进行焚烧。

（2）化学消毒法　采用化学消毒法最重要是在消毒过程中要选择适宜的消毒药品，一般需要考虑消毒药品的抗菌谱、杀菌能力、作用产生的快慢、维持时间的长短、对人和动物是否安全、有无残留、药物本身的性质是否稳定、有无臭味、有无颜色、可否溶于水、有无腐蚀性、有无易燃易爆性等问题。常用消毒药的种类及其特性如下：

①过氧化物类消毒剂　具有超氧化能力，各种微生物均对其十分敏感，可将所有的病原微生物杀灭。

②碱类消毒药　如氢氧化钠溶液、生石灰、草木灰等。氢氧化钠溶液对组织具有很强的腐蚀性，因此不能用作猪体消毒，通常使用 3%～5% 的溶液作用 30 min 以上来杀灭各种病原体。

③酚类消毒药　可杀死细菌、病毒、霉菌等。毒性较大，特臭，不易受环境中有机物和细菌数目的影响，而且其化学性质稳定，因此通常用于环境消毒。不能用于带猪消毒，禁止与碱性药物合用。

④双季铵盐类消毒剂　属于阳性离子表面活化剂，能吸附带负电荷的细菌。此类药物安全性好，无色、无味、无毒，应用范围广，对各种病原均有强大的杀灭作用，常用于带猪消毒。

⑤醛类消毒剂　通常与高锰酸钾一起作空舍熏蒸消毒用。使用时，每立方米空间用甲醛30 mL、高锰酸钾15 g，再加等量水，密闭熏蒸2～4 h，开窗换气空置一段时间后待用。

⑥卤素类消毒剂　如漂白粉、碘酊、碘制剂等。常用于饮水消毒，一般每50 L水加1 g漂白粉。碘酊与碘制剂类可用于皮肤消毒。

4. 消毒措施

（1）消毒前的准备　冲洗圈栏，打扫环境，以减少有机物对病原的掩盖，使药液易于接触到病原体，以增强消毒效果。

（2）消毒药物和消毒方法的选择　消毒时，应根据消毒杀菌的对象，来选择一定的消毒药物和消毒方法（表7-1）。

表7-1　猪场环境和圈栏消毒方法

消毒对象	药物	消毒方法	药液配制	备注
猪（舍）门口消毒池	2%氢氧化钠、0.5%过氧乙酸、5%来苏儿等	药液深20 cm以上，每周更换1次	投入消毒池内混合均匀	①消毒药单独使用，不宜混合；②冬季用温热水（20℃）配制消毒药液；③环境、圈栏使用消毒药液1 L/m²；④污水消毒时，视水污染程度不同，活性氯用量要酌情增减；⑤带猪消毒时应选用对猪皮肤、黏膜无刺激或刺激较弱的药物
环境（疫情静止期）	3%氢氧化钠、10%石灰乳等	每周喷雾1次，每次2 h以上	用常水配制	
圈栏（疫情活动期）	5%氢氧化钠、15%漂白粉等	每天喷雾1次，每次2 h以上	用常水配制	
土壤、粪便、粪池、垫草及其他污物等	5%粗制苯酚、20%漂白粉等	生物热消毒法（常用）、浇淋、喷雾、堆积、泥封发酵	用常水配制	
空气	紫外线、甲醛溶液	紫外线照射、甲醛溶液熏煮消毒		
车辆	与环境、圈栏消毒法相同			
饮水、污水	漂白粉（25%有效氯）、氯胺等	1 m³水加6～10 g漂白粉，或1 m³水加3 g氯胺，或1 m³水中加2 g氯，以上均作用6 h	用净水配制	
猪舍（带猪）	3%来苏儿、0.3%农家福等	喷雾、不定期	用净水配制	
猪驱体外寄生虫	1%～3%敌百虫等	喷雾，冬季每周1次，连续3次	用净水配制	
灭鼠	卫公灭鼠剂	于老鼠出入处每月投放1次	以玉米粒等为载体	
杀灭昆虫（蚊、蝇等）	95%敌百虫粉	喷洒或设毒蚊缸，每周加药1次	15 g药加水75 kg	

四、免疫接种

给猪免疫接种工作是预防疫病的重要方法之一，猪场应根据本地区疫病流行情况、疫苗性质、气候条件、猪群健康情况及其他因素决定本场使用的疫苗种类，综合考虑母猪母源抗体、猪只发病日龄、发病季节等因素，制定出完整的免疫程序；并根据本场具体情况，以周或月为单位进行计划免疫。执行过程中应定期监测各种疫病抗体的消长情况，效果不佳时及时补打疫苗并调整免疫程序。根据周围疫病发生情况，适当加大剂量和增加免疫密度，以确保免疫效果。同时，其他的管理措施要跟得上，如对疫苗的选择、运输、保存、使用记录等都要建立一系列严格的制度，以备考查，保证将有效的疫苗注射到猪体，发挥应有的免疫效果。

1. 疫苗接种方法　大多数疫苗都是经皮下注射这一途径进行免疫。皮下注射是将疫苗注入皮下组织后，经毛细血管吸收进入血流，通过血液循环到达淋巴组织，从而产生免疫反应。注射部位多在耳根皮下，皮下组织吸收速度比较缓慢而均匀，油类疫苗不宜进行皮下注射。肌内注射是将疫苗注射于肌肉内，注射时针头要足够长，以保证疫苗确实注入肌肉里。

超前免疫，是指在仔猪未吃初乳时注射疫苗，注射疫苗后 1～2 h 才让其吃初乳，目的是避开母源抗体的干扰和使疫苗毒尽早占领病毒复制的靶位，尽早刺激机体产生基础免疫，这种方法常用于猪瘟免疫。

滴鼻接种是黏膜免疫的一种。黏膜是病原体入侵的最大门户，有 95% 的感染发生在黏膜或由黏膜侵入机体。黏膜免疫接种既可刺激机体产生局部免疫，又可建立针对相应抗原的共同黏膜免疫系统工程；黏膜免疫系统能对黏膜表面不时吸入或食入的大量种类繁杂的抗原进行准确识别并作出反应，对有害抗原或病原体产生高效体液免疫反应和细胞免疫反应。目前，使用比较广泛的是猪伪狂犬病基因缺失疫苗的滴鼻接种。对疫苗进行稀释时应准确掌握稀释液用量，增加滴鼻后疫苗停留的时间。

气管内注射和肺内注射多用于猪气喘病的预防接种。在注射有关预防腹泻的疫苗时多采用后海穴注射，这样能诱导机体产生较强的免疫反应。

2. 大围子猪猪场常用疫苗的免疫程序

（1）猪瘟弱毒疫苗的免疫程序　猪瘟弱毒活疫苗的免疫程序：①仔猪 20 日龄首免，60 日龄左右做第 2 次免疫接种；②对初生仔猪进行乳前免疫，即初生仔猪在吃初乳前进行免疫接种，1～2h后再哺乳，在60日龄左右做第2次免疫接种；乳前免疫不仅费时、费力，而且需要很强的责任心，因此该法一般用于仔猪猪瘟，特别是哺乳阶段易发生猪瘟和母猪带毒比较严重的猪场；③后备种猪在配种前1个月再免疫1次；④哺乳仔猪断奶时对繁殖母猪进行免疫接种；⑤种公猪每年免疫接种2次。

猪瘟兔化弱毒疫苗的免疫程序应根据猪场猪瘟的流行与发生情况及母源抗体水平等因素而制定。同时，应加强环境、猪舍的消毒卫生，以减少或杜绝猪瘟强毒的污染。

（2）猪伪狂犬病疫苗的免疫程序

①灭活疫苗　该疫苗的免疫期为6个月，宜采用颈部肌内注射。

免疫程序是：育肥仔猪断奶时每头注射3mL；种用仔猪断奶时每头注射3mL，间隔28～42日加强免疫接种1次，此时每头注射5mL，以后每隔半年加强免疫接种1次；妊娠母猪产前1个月加强免疫接种1次。

②弱毒活疫苗　国内外都有该类疫苗相应的产品，宜采用肌内注射。

免疫程序是：繁殖母猪在产前1个月接种，注射2mL；免疫母猪所产仔猪可在8～10周龄进行接种，后备种猪应在配种前1个月再接种1次；种公猪每年接种2次。

③基因缺失疫苗　基因缺失疫苗的优点是它不仅安全有效而且能够区分免疫接种猪和野毒感染猪，它为该病的控制与净化提供了有效的手段。

（3）猪口蹄疫灭活疫苗的免疫程序　传统的灭活疫苗用于体重为10～25kg的猪，每头注射2mL，25kg以上的猪每头注射3mL；浓缩苗用于体重为10～25kg的猪，每头注射1mL，25kg以上的猪每头注射2mL。仔猪35日龄首免，70日龄二免；育肥猪90～100日龄再免疫1次；后备母猪经过35日龄、70日龄的2次免疫后，配种前再免疫接种1次；繁殖母猪和种公猪分别在每年的1月、5月和9月各免疫接种1次。

（4）猪细小病毒灭活疫苗的免疫程序　猪细小病毒灭活疫苗主要用于初产后备母猪的免疫接种，一般在后备母猪配种前1个月免疫2次，间隔2周。

（5）猪流行性乙型脑炎疫苗的免疫程序　种猪于配种前或在蚊虫到来之前（每年的4—5月）的45d，用猪流行性乙型脑炎疫苗免疫接种2次，每次1头份间隔2周。经产母猪和种公猪可每年注射1次。

（6）猪传染性胃肠炎与猪流行性腹泻二联灭活疫苗的免疫程序　该疫苗采

用后海穴注射。妊娠母猪于产前 20～30 d 注射 4 mL，其所产仔猪于断奶后 7 d 内注射 1 mL；体重为 25 kg 以下的仔猪每头注射 1 mL；25～50 kg 的育成猪每头注射 2 mL；50 kg 以上的猪每头注射 4 mL。猪场可根据猪传染性胃肠炎、猪流行性腹泻的流行情况，于冬、春两季实施疫苗免疫接种。主动免疫接种后 14 d 产生免疫力，免疫期 6 个月。

（7）仔猪大肠杆菌病 K88、K99 双价基因工程灭活疫苗的免疫程序　母猪产前 2 周肌内注射 1 次该疫苗。

（8）猪传染性萎缩性鼻炎灭活疫苗的免疫程序

①商品猪场　妊娠母猪产前 1 个月颈部皮下注射 2 mL，仔猪可通过初乳获得被动免疫。

②种猪场　除免疫妊娠母猪外，还可对免疫母猪所产仔猪进行免疫接种，于 7 日龄和 21～28 日龄分别接种（颈部皮下注射）1 次。

（9）猪气喘病疫苗的免疫程序　妊娠母猪产前 2 周进行免疫接种，仔猪于 7 日龄和 21 日龄各免疫 1 次，肌内注射，每次 2 mL，免疫期为 6 个月。公猪每半年免疫 1 次。也有的公司推荐在仔猪 28 日龄免疫 1 次即可，这样可减少 1 次免疫接种。

活疫苗的免疫程序：胸腔接种，可用于 7 日龄以后的各个月龄猪、怀孕母猪和种公猪。

（10）猪传染性胸膜肺炎灭活疫苗的免疫程序　仔猪 35～45 日龄时首免，肌内注射，每头 0.5 mL；2～4 周后进行二免，每头 1 mL。后备母猪配种前 1 个月接种 1 次，繁殖母猪产前 1 个月接种一次，每头 2 mL。种公猪每半年接种 1 次。

（11）猪梭菌性肠炎灭活疫苗的免疫程序　母猪分娩前 35～40 d 和 10～15 d 各肌内注射 1 次，每次 2 mL。新生仔猪可通过初乳中的母源抗体获得被动保护。

（12）仔猪副伤寒活疫苗的免疫程序　用于 1 月龄以上哺乳仔猪或断奶健康仔猪免疫，采用口服或耳后浅层肌内注射。

（13）猪丹毒疫苗的免疫程序

①灭活疫苗　体重在 10 kg 以上的断奶仔猪皮下注射或肌内注射 5 mL；未断奶仔猪注射 3 mL，间隔 1 个月再注射 3 mL。

②活疫苗　用于断奶仔猪皮下注射，每头 1 mL；也可口服，但剂量加倍。

（14）猪多杀性巴氏杆菌病疫苗的免疫程序

①活疫苗　采用口服免疫，疫苗用冷开水稀释后，混于少量饲料内，不论大小猪，每头均口服1头份，免疫期为10个月。

②灭活疫苗　皮下注射或肌内注射，断奶猪不论大小均注射5 mL，免疫期为6个月。

（15）猪丹毒、猪巴氏杆菌病二联灭活疫苗的免疫程序　采用皮下注射或肌内注射，未断奶猪注射3 mL，间隔1个月再接种3 mL；体重在10 kg以上的断奶猪注射5 mL。

（16）猪瘟、猪丹毒、猪多杀性巴氏杆菌三联活疫苗的免疫程序　断奶半个月以上的仔猪，不论猪大小每头肌内注射1 mL；断奶半个月以前的仔猪可以注射，但须在断奶2个月左右再注射1次。

（17）猪败血性链球菌病活疫苗的免疫程序　用20%氢氧化铝胶生理盐水或生理盐水稀释，每头注射1 mL，或口服4 mL。

（18）猪繁殖与呼吸综合征疫苗的免疫程序

①灭活疫苗　建议给母猪接种，可在配种前注射2次，两次间隔20 d，每次每头4 mL。

②活疫苗　使用应慎重，一般不建议使用。

五、种源净化

1. 坚持自繁自养　尽量少引种或不引种，必须要引种时最好是引进非疫区的优良公猪精液进行人工授精；必须引进活猪时应从没有疫病流行地区并经过详细了解的健康种猪场引进种猪，种猪隔离30～90 d后经严格检疫，并监测猪瘟、口蹄疫抗体情况，进行本场常规免疫注射后方可转入生产区舍混群饲养。

2. 重视种猪的抗病能力　种猪选育过程中应重视种猪对疾病的抵抗力，可根据每胎育成头数、后代日增重、饲料报酬等一些育种指标来衡量，弃弱留强，逐渐淘汰生产成绩差、四肢纤细、抗病力弱的个体及其后代，经多代选育提高种猪的抗病力。

3. 定期检疫净化　目的是防止猪只疫病垂直传播或水平扩散。

4. 采用"全进全出"的饲养方式　结合种猪集中配种、测定、选育、转群的特点，采用"全进全出"的饲养方式。

除了上述措施之外，条件较好的大型种猪场，则应采取各种措施，逐渐净化各种种源，可通过建立无特定病原猪群（气喘病、传染性萎缩性鼻炎等）等措施逐步实现。

六、保健及疫病预防

1. 全面检查　每天对全场猪群进行全面检查，了解猪群的基本情况，发现问题及时处理上报。

2. 做好体内外的驱虫工作　定期对猪进行体内外驱虫工作，母猪进入分娩舍前 1~2 周在怀孕舍进行驱虫，防止把寄生虫卵带入分娩舍感染仔猪；仔猪出生 60 d 后进行驱虫，以后每 6 d 驱虫 1 次；成年公、母猪及后备猪至少每季度驱虫 1 次，或根据粪便及刮耳检查疥螨的结果决定是否需要驱虫。

3. 进行药敏试验　坚持定期进行药敏试验，筛选出当期最佳防治药物。根据不同季节多发病的特点在饲料中添加预防性药物，可减少大围子猪感染细菌性疫病的机会。将敏感药物投放于饲料或饮水中进行疫病预防，比治疗更有意义。

4. 采血检疫　定期采血检疫，除日常详细记录整个猪群的基本情况，出现可疑病例及时送检外，每年应在猪群中（特别是后备猪、育成猪、断奶母猪）按一定比例采血进行各种疫病的监测普查工作，并定期进行粪便寄生虫卵的检查，同时做好资料的收集和分析工作。

5. 做好病死猪的剖检工作　目的是随时掌握本场疫病的动态。

6. 做好相关项目的检测工作　坚持定期进行水质检测和对饲料进行微生物学和毒物学检测，看其中是否含有沙门氏菌、霉菌毒素等。

7. 做好病死猪及僵猪的处理工作　及时淘汰治疗效果不佳的病猪和僵猪，防止疫病的可能传播。

8. 做好"围产期"的疾病防治工作　抓好猪群"围产期"各种疾病的防治工作，坚持防重于治的原则，确保母猪、仔猪的健康。

9. 对不同品种猪的疫病控制应有所侧重　不同品种猪对病的易感性不同，如长白猪较易患气喘病，大白猪易患萎缩性鼻炎等。只有采取不同的对策，才能起应有的防治效果。

七、做好废物、污水处理和杀虫、灭鼠工作

猪场废物、污水处理是猪场疫病控制的一个组成部分，猪场应结合本场特

点，建立完整的废物、污水处理系统。粪便、污水的处理方法应在投资少、效果好的前提下，尽量采用物理和化学的方法进行分级处理。具体方法有：①用固-液分离机和沉淀池，除去污水中的固体成分。②通过厌氧发酵降解部分有机物，杀灭部分病原微生物，并可利用所产生的沼气作燃料和发电之用。③用生化方法，让好氧微生物进一步分解污水中的胶体和有机物，常用的方法有氧化渠法、活性污泥法、旋转生物盘法、氧化塘法、曝气塘法等。④提倡走农牧结合的道路，如猪鱼结合、猪果（果林）结合，综合利用既能解决污水问题又能提高综合效益的方法。除做好污水处理工作外，猪场应定期进行除草、通渠、灭鼠、杀虫（特别是蚊、蝇）等工作，做好环境卫生和绿化，提高猪场的综合防病能力。

八、猪场常备药物及治疗方法

1. 阿莫西林　既可治疗和控制由敏感性微生物引起的猪的感染，也可用于治疗继发细菌感染。适应证主要包括消化道、呼吸道、泌尿道、皮肤和软组织感染，以及链球菌病、预防母猪产后应激和减少产后感染（乳腺炎、子宫炎、无乳症）的发生。

2. 阿托品　具有解毒及缓解胃肠蠕动的作用，特别是出现严重腹泻时，配合抗生素治疗效果很好。

3. 阿维菌素　对线虫、昆虫和螨虫均有驱杀作用，用于治疗畜禽的线虫病、螨病和寄生性昆虫病；但毒性较大，易造成母猪流产。

4. 安乃近　起解热镇痛的作用，临床上常配合青霉素治疗一般性不吃料的猪；但对怀孕母猪使用的剂量不能过大，否则会导致流产。

5. 氨茶碱　可舒张支气管，对喘气、咳嗽的猪能迅速平喘。

6. 北里霉素　对猪细菌性下痢有抑制作用，小剂量添加具有促进生长、改善饲料利用率的功效。

7. 阿苯达唑　是国内兽医使用非常广泛的广谱、高效、低毒的新型驱虫药，对动物线虫、吸虫、绦虫均有驱除作用。

8. 地塞米松　抗炎、抗毒，配合青霉素和安痛定使用，但会导致母猪流产和泌乳减少。

9. 丁胺卡那霉素　主要用于对卡那霉素或庆大霉素耐药的革兰阴性杆菌所致的尿路、下呼吸道、腹腔、软组织、骨和关节、生殖系统等部位的感染。

10. 恩诺沙星 第三代喹诺酮类，对呼吸道、肠道疾病有较好疗效，不能口服。

11. 氟哌酸 为第三代喹诺酮类广谱抗生素，主要用于各种敏感的革兰阴性菌的感染性治疗。

12. 红霉素 广谱抗生素，组织穿透性也较好，对子宫炎、呼吸道炎的治疗效果较好。

13. 环丙沙星 高效广谱抗菌药，杀菌效果好，对肠杆菌、绿脓杆菌、流感嗜血杆菌、淋球菌、链球菌、军团菌、金黄色葡萄球菌均具有抗菌作用。

14. 黄体酮 用于母猪的保胎、安胎。

15. 青霉素钾 用于猪感冒、猪丹毒、猪肺疫、猪败血症、乳房炎及各种炎症和感染的治疗。

16. 庆大霉素 用于治疗敏感革兰阴性杆菌，如大肠埃希氏菌、克雷伯菌属、肠杆菌属、变形杆菌属、沙雷菌属和铜绿假单胞菌，以及葡萄球菌甲氧西林敏感株所致的严重感染，如败血症、下呼吸道感染、肠道感染、盆腔感染、腹腔感染、皮肤软组织感染、复杂性尿路感染等。

17. 肾上腺素 有抗过敏、抗休克的作用。对疫苗过敏要立即肌内注射进行解救，同时对喘气、咳嗽很严重的病猪也可肌内注射进行解救。

18. 土霉素 广谱抗生素，对肠炎的治疗效果好。

19. 催产素 治疗宫缩无力、胎衣不下，也可用于排出死胎。

20. 安痛定 有解热、镇痛、祛湿的作用。

21. 葡萄糖酸钙 治疗缺钙性疾病，如母猪产后瘫痪、骨软症、佝偻病等。

22. 葡萄糖铁钴注射液 内含三氯化铁、右旋糖酐、氯化钴等成分，用于治疗仔猪贫血。

23. 乳酶生 是乳酸链球菌制剂，主要用于防治猪只消化不良、肠臌气和仔猪腹泻。

24. 液体石蜡 润肠泻下。

25. 鞣酸蛋白 有收敛止泻的作用，治疗猪的腹泻。

26. 催产素 治疗宫缩无力、胎衣不下，也可用于排出死胎。

27. 己烯雌酚 用于猪只的催情及子宫蓄脓、胎衣不下、死胎排出等的治疗。

28. 孕酮　安胎，避免母猪流产。

29. 人工盐　辅助治疗消化不良、胃肠迟缓、便秘、腹泻等。

30. 普鲁卡因　局部麻醉，常用于封闭治疗。

31. 止血敏　预防和治疗出血性疾病。

第二节　大围子猪主要传染病的防控

一、猪瘟

猪瘟是由猪瘟病毒引起的猪的一种急性、热性、高度接触性、败血性传染病。

（一）临床诊断要点

1. 全身出血　皮肤出血，会厌软骨、膀胱黏膜、胆囊黏膜、心内外膜、各脏器的浆膜和黏膜表现出血。

2. 全身各淋巴结肿胀、出血　下颌淋巴结、肩前淋巴结、腹股沟淋巴结、肠系膜淋巴结等均表现肿大、出血。其病变为典型的淋巴结周边出血，并且呈现出腥红色，髓质肿胀使淋巴结表现出大理石样外观。

3. 脾脏　一般不肿大，但在脾脏的边缘和脾尖部可见到大小不等的红色梗死灶。梗死灶稍突出于脾脏表面，质地坚硬，切面呈三角形或椎形，在脾脏的被膜下还散发着小出血点。

4. 肾脏　不肿大，表面灰黄色则表明贫血。灰白色的肾脏表面布满红色或褐色的出血点，外观似麻雀卵，故称"雀斑肾"。

5. 骨骼病变　由于猪瘟病毒损伤造血组织和影响钙磷代谢，因此造成仔猪骨骼发育不良，肋骨和肋软骨交界处表现肿胀，俗称"骨垢线增宽"。由于骨髓出血，因此有"黑骨髓"之称。

6. 中枢神经系统　大脑、小脑表现为病毒性脑炎的典型病变。打开颅腔可见脑软膜呈树枝状充血，混浊，脑内压增高，稍突出于颅腔。

7. 肺脏　猪瘟常与巴氏杆菌混合感染造成典型的大叶性肺炎病变，重症例可表现出纤维素性胸膜肺炎或心包炎。

8. 肠道　猪瘟又称"烂肠瘟"，常表现为出血性纤维素性肠炎或纤维素性坏死性肠炎。如伴发感染肠道沙门氏杆菌时，则病变加重，尤其是在回肠和盲肠的交界处表现为溃疡。这种溃疡病变为轮层状坏死，外观似纽扣，故称"扣状肿"。

（二）预防措施

1. 坚持自繁自养　这是防止猪瘟传入的有效途径。引进种源时，必须进行严格检疫，隔离观察 20 d 以上才能进入生产区。猪场要建立严格的卫生制度，栏舍、环境要定期消毒。严禁无关人员进入生产区。对不同阶段的猪要实行分舍饲养，避免互相感染。另外，一定要做好猪场、猪舍的隔离、卫生、消毒和杀虫工作，以减少猪瘟病毒的侵入。

2. 及时淘汰隐性感染带毒种猪　目的是防止这些猪感染其他健康猪。

3. 开展免疫监测　采用酶联免疫吸附试验或正向间接血凝试验等方法进行免疫抗体监测，及时调整免疫程序。

二、猪口蹄疫

口蹄疫又称口疮，是由口蹄疫病毒引起的以侵害偶蹄动物为主的急性、热性、高接触性人兽共患病，以口腔黏膜、蹄部和乳房皮肤发生水疱为特征。病毒分为 O 型、A 型、C 型、亚洲型、南非 1 型、南非 2 型、南非 3 型共 7 个血清型，有 70 多个亚型。

（一）临床诊断要点

病猪体温明显升高，到 40℃以上；成年病猪以蹄部水疱为主要特征，口腔黏膜、鼻端、蹄部和乳房皮肤发生水疱后溃烂；哺乳仔猪多表现急性胃肠炎、腹泻、心肌炎而突然死亡。

（二）预防措施

（1）后备母猪（4 月龄）及生产母猪配种前、产前 1 个月、断奶后 1 周龄时肌内注射猪 O 型口蹄疫灭活油苗。

（2）所有猪只均在每年 10 月份注射口蹄疫灭活苗。

（3）用 O 型口蹄疫灭活油苗进行免疫时，所用疫苗的病毒型必须与该地区流行的口蹄疫病毒型一致。

（4）选用对口蹄疫病毒有效的消毒剂。

（5）免疫注射时配合用新必妥（转移因子）。

三、伪狂犬病

（一）临床诊断要点

（1）公猪睾丸肿胀、萎缩，甚至丧失种用能力。

（2）母猪返情率高。

（3）妊娠母猪发生流产、产死胎、产木乃伊胎。

（4）新生仔猪大量死亡，4～6日龄是死亡高峰。

（5）病仔猪发热、发抖、流涎、呼吸困难、腹泻，有神经症状。

（6）扁桃体有炎症，坏死；肺水肿。

（7）肝、脾有直径1～2mm的坏死灶，周围有红色晕圈。

（8）肾脏布满针尖样出血点。

（二）预防措施

1. 正在发生伪狂犬病的猪场　用gE缺失弱毒苗对全猪群进行紧急预防接种，4周龄内仔猪鼻内接种免疫，4周龄以上猪只肌内注射；免疫后2～4周，所有猪再次加强免疫，并采取消毒、灭鼠、驱杀蚊蝇等措施，以较快控制疫情。

2. 伪狂犬病阳性猪场

（1）生产种猪群　用gE缺失弱毒疫苗肌内注射，每年免疫3～4次。

（2）引进的后备母猪　用gE缺失弱毒疫苗肌内注射，2～4周后再加强免疫1次。

（3）仔猪和生长猪　用gE缺失弱毒疫苗，3日龄鼻内接种，4～5周龄鼻内接种加强免疫，9～12周龄肌内注射免疫。

四、猪繁殖与呼吸综合征

（一）临床诊断要点

（1）怀孕母猪咳嗽，呼吸困难；怀孕后期流产，产死胎、产木乃伊胎或产弱仔猪；有的出现产后无乳。

（2）刚出生的病仔猪体温升高达 40℃以上，出现呼吸急促、运动失调等神经症状，产后 1 周内仔猪的死亡率明显上升。有的病猪耳、腹侧及外阴部皮肤呈现一过性青紫色或蓝色斑块。

（3）3～5 周龄仔猪常发生继发感染，如嗜血杆菌感染。

（4）育肥猪生长不均。

（5）主要病变为间质性肺炎。

（二）预防措施

（1）母猪分娩前 20 d，每天每头给阿斯匹林 8 g，其他猪可按 125～150 mg 阿斯匹林（均以体重计）添加于饲料中喂服；或者按 3 d 给予 1 次喂服（以体重计），喂到产前 1 周停止，可减少流产。

（2）使用恩诺沙星等治疗细菌引起的继发感染。

（3）4 月龄后备猪用弱毒苗首免，1～2 个月后加强免疫。断奶仔猪用弱毒苗免疫。免疫注射时配合用新必妥（转移因子）。

五、猪丹毒

（一）临床诊断要点

多发生于夏天 3～6 月龄猪，病猪体温很高。多数病猪耳后、颈、胸和腹部皮肤有轻微红斑，指压退色，病程较长时皮肤上有紫红色疹块，呕吐。胃底区和小肠严重出血；脾肿大，呈紫红色；淋巴结肿大；关节肿大。

病猪肌肉震颤，后躯麻痹。粪中带血，气味恶臭。全身皮肤瘀血，可视黏膜发绀、口腔、鼻腔、肛门流血。头部震颤，共济失调。胃及小肠黏膜充血、出血、水肿、糜烂。腹腔内有蒜臭样气味。脾肿大、充血，胸膜、心内外膜、肾、膀胱有点状出血或弥漫性出血。慢性病例眼失明，四肢瘫痪。

（二）治疗措施

发生猪丹毒时，及时用青霉素或恩诺沙星等治疗有显著疗效，青霉素 1.5 万～3 万 IU/kg（以体重计），每天 2～3 次肌内注射，连用 3～5 d。对于极少数不见效好转的病例，选用氧哌嗪青霉素与庆大霉素合用疗效更好。

六、细小病毒病

（一）临床诊断要点

（1）初产母猪发生流产、产死胎、产木乃伊胎或产弱仔，以产木乃伊胎为主。

（2）经产母猪感染后通常不表现繁殖障碍现象，且无神经症状。

（二）预防措施

（1）防止把带毒猪引入无此病的猪场，引进种猪时必须检验。

（2）对后备母猪和育成公猪，在配种前1个月免疫注射疫苗。

（3）在本病流行地区，可将血清学反应呈阳性的老母猪放入后备种猪群中，使后备种猪群受到自然感染而产生自动免疫。

（4）对于因本病发生流产或产木乃伊胎的同窝幸存仔猪，不能留作种用。

（5）免疫注射时配合用新必妥（转移因子）。

七、日本乙型脑炎（流行性乙型脑炎）

（一）临床诊断要点

主要在夏季至初秋蚊子滋生季节流行。发病率低，临床表现为高热，母猪流产、产死胎和公猪睾丸炎。死胎或虚弱的新生仔猪可能出现脑积水等病变。

（二）预防措施

（1）一旦确诊最好淘汰。

（2）做好死胎儿、胎盘及分泌物等的处理。

（3）驱灭蚊虫，注意消灭越冬蚊。

（4）在流行地区猪场，蚊虫开始活动前的1～2个月，对4月龄以上至2岁的公、母猪，应用乙型脑炎弱毒疫苗进行预防注射，第2年再加强免疫1次。

八、猪传染性胃肠炎

（一）临床诊断要点

（1）本病多流行于冬、春寒冷季节，即12月至次年3月。大小猪都可发病，1～7日龄仔猪更易感。

（2）病猪呕吐（呕吐物呈酸性），有水样腹泻，明显脱水，食欲减退。哺乳猪胃内充满凝乳块，黏膜充血。

（二）预防措施

给妊娠母猪接种（产前45 d和15 d）弱毒苗。肌内注射免疫效果差。小猪初生前6 h应给予足够初乳。若母猪未免疫，则乳猪可口服猪传染性胃肠炎病毒弱毒苗。二联灭活疫苗作交巢穴（后海穴，猪尾根下、肛门上的陷窝中）注射有效。

在疫病流行时，可用猪传染性胃肠炎病毒弱毒苗作乳前免疫。防止脱水、酸中毒，同时给发病猪群口服补液盐。使用抗菌药控制继发感染。用双链季胺盐溶液带猪消毒，1次/d，连用7 d，以后每周1～2次。

九、猪流行性腹泻

（一）临床诊断要点

（1）本病多在冬、春季发生。病猪呕吐，腹泻，明显脱水，食欲缺乏。本病传播速度较慢，发病后4～5周内才传遍整个猪场，且往往只有断奶仔猪发病，或者各年龄段均发的现象。

（2）病猪粪便呈灰白色或黄绿色，水样并混有气泡。大小猪几乎同地发生腹泻，大猪在数日内可康复，乳猪有部分死亡。

（二）预防措施

妊娠母猪产前20 d用猪流行性腹泻弱毒苗作交巢穴（后海穴）或肌内注射，同时配合使用新必妥（转移因子）。

十、猪链球菌病

（一）临床诊断要点

（1）新生仔猪发生多发性关节炎、败血症、脑膜炎，但少见。

（2）乳猪和断奶仔猪发生运动失调，转圈、侧卧、发抖，四肢作游泳状划动（脑膜炎）。剖检可见脑和脑膜充血、出血。有的可见多发性关节炎、呼吸困难。在超急性病例中，仔猪死亡而无临床症状。

（3）育肥猪常发生败血症，发热，腹下有瘀斑，突然死亡。病死猪脾肿大，常见纤维素性心包炎或心内膜炎、肺炎或肺脓肿、纤维素性多关节炎、肾小球肾炎。

（4）母猪出现歪头、共济失调等神经症状，有子宫炎，甚至死亡。

（5）C群链球菌可引起皮肤脓肿，E群猪链球菌可引起咽部、颈部、下颌局灶性淋巴结化脓。

（二）防治措施

1. 预防　做好免疫接种工作，建议在仔猪断奶前后注射 2 次，间隔 21 d。母猪分娩前注射 2 次，间隔 21 d，以通过初乳中的母源抗体保护仔猪。可制作使用自家灭活菌苗。

2. 治疗　给病猪肌内注射抗菌药＋抗炎药（地塞米松），经口给药无效。目前较有效的抗菌药为头孢噻呋，每日肌内注射 5.0 mg（以体重计），连用 3～5 d；青霉素＋庆大霉素、氨苄青霉素或羟氨苄青霉素（阿莫西林）、头孢唑啉钠、恩诺沙星、氟甲砜霉素等。也有一些菌株对磺胺＋甲氧苄胺嘧啶敏感。肌内注射给药要连用 5 d。

十一、猪附红细胞体病

（一）临床诊断要点

（1）通常发生在哺乳猪、怀孕母猪及受到高度应激的育肥猪身上。

（2）发生急性附红细胞体病时，病猪体表苍白，高热达 42℃。有时有黄疸，有时有大量瘀斑，四肢、尾特别是耳部边缘发紫，耳廓边缘甚至大部分耳廓可能会发生坏死。严重的出现酸中毒、低血糖症。贫血严重的猪有厌食、反应迟钝、消化不良等。

（3）母猪乳房及阴部水肿 1～3 d；母猪受胎率低，不发情，流产，产死胎和弱仔。

（4）剖检可见病猪肝肿大、变性，呈黄棕色；有时淋巴结水肿；胸腔、腹腔及心包积液。

（二）防治措施

1. 预防

（1）切断传播途径，注射时换针头，断尾、剪齿、剪耳号的器械用前要消毒。定期驱虫，杀灭虱子、疥螨及吸血昆虫。防止猪群出现打斗、咬尾。母猪分娩时操作要带塑料手套。

（2）防止猪出现免疫抑制性因素及疾病，包括减少应激。

（3）可使用其他对支原体敏感的药物，如呼诺玢、恩诺沙星、二氟沙星、环丙沙星、泰妙菌素、泰乐菌素、北里霉素、氟甲砜霉素等。预防时，作全群拌料给药，连用 7～14 d，或采取脉冲方式给药。

2. 治疗

（1）临床上常给猪注射强力霉素 10 mg/kg（以体重计），连用 4 d，或使用长效土霉素制剂。对于猪群，可在每吨饲料中添加 800 g 土霉素，饲喂 4 周，4 周后再喂 1 个疗程。效果不佳时，应更换其他敏感药物。

（2）同时采取支持疗法，如口服补液盐饮水。必要时进行葡萄糖输液，加 $NaHCO_3$；或给仔猪、慢性感染猪注射铁剂（每头 200 g 葡萄糖酸亚铁）。

（3）混合感染时，要注意对其他致病因素的控制。

十二、仔猪水肿病

（一）临床诊断要点

（1）仔猪一般在断奶后 10～14 d 出现症状，多发于吃料太多、营养好、体格健壮的仔猪，且突然发病。

（2）病猪共济失调，有神经症状，局部或全身麻痹。

（3）体温正常，病死猪眼睑、头部皮下水肿，胃底部黏膜、肠系膜水肿。

（二）防治措施

1. 预防　断奶后 3～7 d 在饮水或饲料中连续添加 1～2 周的抗菌药，如环丙沙星等。目前常用的抗菌药有强力霉素、氟甲砜霉素、新霉素、恩诺沙星等。使用抗菌药治疗的同时，配合使用地塞米松。对病猪还可应用盐类缓泻剂通便，以减少毒素吸收的量。

2. 治疗　发病猪的治疗效果与给药时间有关。一旦神经症状出现，则治疗效果不佳。

十三、仔猪副伤寒

（一）临床诊断要点

（1）多见于 2～4 月龄的猪。

（2）患猪持续性下痢，消瘦，粪便恶臭，有时带血。病初耳、腹及四肢皮肤呈深红色，后期呈青紫色（败血症）。

（3）有时咳嗽，扁桃体坏死。肝、脾肿大，间质性肺炎。肝、淋巴结发生干酪样坏死，盲肠、结肠有凹陷不规则的溃疡和假膜，肠壁变厚（大肠坏死性肠炎）。

（二）防治措施

1. 预防　仔猪断奶后，免疫接种仔猪副伤寒弱毒冻干疫苗，肌内注射口服均可。

2. 治疗

（1）常用药物有氟甲砜霉素、新霉素、恩诺沙星、复方新诺明等，同时配合使用抗炎药则疗效更佳。例如，氟甲砜霉素，口服 50～100 mg/kg（以体重计），或肌内注射 30～50 mL/kg（以体重计），疗程 4～6 d，再配合地塞米松肌内注射。

（2）病死猪要深埋，不可食用，以免发生中毒，对尚未发病的猪要进行抗生素药物预防。

十四、猪气喘病（猪支原体肺炎）

（一）临床诊断要点

（1）病猪咳嗽、喘气，腹式呼吸。两肺的心叶、尖叶和膈叶对称性发生肉变至胰变。在自然感染的情况下，易继发巴氏杆菌病、肺炎球菌病、传染性胸膜肺炎。

（2）应将本病与猪流感、猪繁殖与呼吸综合征、猪传染性胸膜肺炎、猪肺丝虫病、猪蛔虫病感染（多见于 3～6 月仔猪）等进行鉴别。

（二）防治措施

1. 预防　7～15 日龄哺乳仔猪首免 1 次，到 3～4 月龄确定留作种用后再进行免疫 1 次，供育肥用猪则不进行免疫。种猪每年春、秋季各免疫 1 次。

2. 治疗　猪肺炎支原体对青霉素及磺胺类药物不敏感，而对恩诺沙星等药物敏感。目前常用的药物有环丙沙星、恩诺沙星、二氟沙星、庆大霉素等。母猪产前产后、仔猪断奶前后，在饲料中拌入 100 mg/L 支原净，同时以 75 mg/L 恩诺沙星的水溶液供产仔母猪和仔猪饮用，仔猪断奶后继续饮用 10 d。另外，需结合猪体与猪舍环境消毒，逐步自病猪群中培育出健康猪群；或以 800 mg/L 呼诺玢、土霉素、金霉素拌料，脉冲式给药。

十五、猪传染性胸膜肺炎

（一）临床诊断要点

（1）本病常发于出生后 6 周至 3 月龄猪。

（2）急性病例昏睡、废食、高热，时常伴随呕吐、腹泻、咳嗽。后期呈犬坐姿势，心搏过速，皮肤发紫，呼吸极其困难。剖检可见严重坏死性、出血性肺炎，胸腔有血色液体。气道充满泡沫和血色、黏液性渗出物。双侧胸膜有纤维素黏着，涉及心叶、尖叶。

（3）慢性病例有非特异性呼吸道症状，不发热或低热。剖检可见纤维素性胸膜炎，肺与胸膜粘连，肺实质有脓肿样结节。

（二）防治措施

1. 预防　用包含当地血清型的灭活菌苗进行免疫，在饲料中定期添加易吸收的敏感抗菌药物。

2. 治疗　仅在发病早期治疗有效。治疗给药宜以注射途径为主，用药剂量要充足。目前常用药物有呼诺玢、环丙沙星、恩诺沙星、二氟沙星、氟甲砜霉素、甲砜霉素、硫酸丁胺卡那霉素等。

十六、猪肺疫（猪巴氏杆菌病）

（一）临床诊断要点

气候和饲养条件剧变时本病多发。急性病例高热。急性咽喉炎，咽喉部肿胀、出血，颈部高度红肿；呼吸困难；口、鼻流泡沫；肺水肿，肺小叶出血，有时发生肺粘连；有肝变区；脾不肿大。

（二）防治措施

目前在用抗菌药肌内注射的同时可选用其他抗菌药拌料口服。该病常继发于猪气喘病和猪瘟的流行过程中。猪场做好其他重要疫病的预防工作可减少本病的发生。

第三节　大围子猪主要寄生虫病的防治

寄生虫病是对大围子猪健康生长发育造成严重危害的一类疾病，寄生虫与猪争夺营养物质，造成猪生长迟缓、消瘦；寄生虫可阻塞消化道，引起猪只腹泻；寄生虫可诱发其他脏器疾病（肺炎、肠炎、痢疾、贫血等），使猪经济利用价值下降；寄生虫可使猪躁动不安，破坏正常行为；另外，寄生虫可损伤猪的皮毛，使猪容易感染各种细菌。

一、猪蛔虫病

猪蛔虫病是由猪蛔虫引起的猪的一种内寄生虫病。成虫寄生于小肠腔内，幼虫主要侵害肝脏和肺脏。由于本病流行和分布极为广泛，且蛔虫生活史简单，繁殖能力和抗外界干扰能力强，因此猪蛔虫病在我国生猪养殖中的感染率较高，达到50％～75％。该病对养猪业的危害非常严重，主要引起仔猪发育不良，生长发育速度下降，严重时形成"僵猪"。

（一）临床症状

（1）仔猪感染早期轻度咳嗽，有的出现精神沉郁，呼吸、心跳速度加快，食欲不振，异嗜，营养不良、消瘦、贫血，被毛粗乱无光，全身性黄疸等症状。感染严重者呼吸困难，呕吐，腹泻，蛔虫穿胆，腹部剧痛，经 6～8 d 死亡。蛔虫过多时易阻塞肠道，表现为疝痛。

（2）肝、肺有大量出血点，肝黄染、变硬。在肝、肺、支气管等处常见大量蛔虫幼虫。小肠有卡他性炎症、溃疡甚至破裂。

（二）预防措施

（1）预防性定期驱虫，消灭带虫猪。

（2）保持饲料和饮水清洁，避免猪粪污染饲料和饮水。

（3）保持猪舍和运动场清洁，减少虫卵污染，猪粪作无害化处理。

（4）预防病原的传入和扩大，引入猪时要注意。

二、猪球虫病

猪球虫病是一种由艾美耳属和等孢属球虫引起的仔猪消化道疾病，其中等孢属球虫的致病力最强。仔猪出生后即可被感染，5～10 日龄最为易感。成年猪多为带虫者，或成为该病的传染源。

（一）临床症状及诊断

（1）病猪排黄色或灰色粪便，恶臭，初为黏性，1～2 d 后排水样粪便，腹泻可持续 4～8 d，导致仔猪脱水、失重，伴有细菌或病毒感染时往往致死。15日龄以内仔猪发生腹泻时，应疑为该病。

（2）确诊需要作粪便检查，在粪便中查出大量球虫卵囊或作小肠黏膜直接涂片，发现大量裂殖体、配子体和卵囊即可确诊。

（3）病变部位主要见于空肠和回肠，肠黏膜上有异物覆盖，肠上皮细胞坏死并脱落。组织边上可见肠绒毛萎缩和脱落，另外还可见到不同发育阶段的虫体。

（二）防治措施

（1）可用氨丙啉或磺胺类药进行尝试治疗。在有该病发生的猪场，可在产前或产后 15 d 内的母猪饲料中添加氨丙啉，以预防仔猪感染。

（2）经常清扫猪舍，将猪粪和垫草运往储粪地点后进行无害化处理。地面先用热水冲洗；再用含氨和酚的消毒液喷洒，保留数小时或过夜；最后用清水冲掉消毒液，这样可减少猪被球虫卵囊的污染。

三、猪旋毛虫病

猪旋毛虫病为人兽共患寄生虫疾病。旋毛虫幼虫常寄生于宿主的横纹肌内（舌肌、膈肌、嚼肌及肋间肌），而成虫则寄生在宿主的小肠内。

（一）临床症状

（1）感染猪旋毛虫病的猪所见症状并不是特别明显，成虫可诱发肠炎。而幼虫入住到猪的肌肉之中，可以导致猪四肢僵硬、肌肉疼痛、浮肿、温度升高和嗜酸性粒细胞增多。

（2）肠型成虫侵入肠黏膜时可引起肠炎、黏膜增厚、水肿、黏液增多、淤血性出血等病变。大部分感染轻微，症状不明显，严重感染时多因呼吸肌麻痹、心肌和其他脏器炎性病变及毒素刺激而死亡。

（二）防治措施

（1）该病以预防为主，平时要加强卫生检疫；控制或消灭饲养场周围的鼠类，避免猪摄食啮齿类动物；不用生的废肉屑和泔水喂猪。

（2）治疗可用阿苯达唑，按300 mg/kg拌料（以体重计），连用10 d。

四、猪姜片吸虫病

猪吸虫病由布氏姜片吸虫寄生于猪小肠而引起，主要流行于长江流域及以南各省，是一种严重危害儿童健康及仔猪生长发育的人兽共患病。该病往往呈地方性流行，每年5—7月开始流行，6—9月是感染高峰期。用水生植物喂猪的猪场多有该病发生，仔猪断奶后1～2个月就会受到感染。

（一）临床症状

（1）患猪贫血，眼结膜苍白、水肿，尤其以眼睑和腹部较为明显。消瘦，精神沉郁，食欲减退，消化不良，腹痛、腹泻，皮毛无光泽。

（2）病变部位多见中性粒细胞、淋巴细胞和嗜酸性粒细胞浸润，肠黏膜分泌增加，血中嗜酸性粒细胞增多。

（二）防治措施

（1）加强粪便管理，防止人粪和猪粪通过各种途径污染水质，粪便堆积发酵后再用作肥料。

（2）治疗一般用吡喹酮按 50 mg/kg（以体重计）内服。

五、猪弓形虫病

猪弓形虫病是一种由刚第弓形虫寄生引起的以高热、呼吸困难、流产等为主要症状的人兽共患原虫病。猪的感染率较高，猪可突然大批发病，死亡率高达 60% 以上。

（一）临床症状

（1）猪感染后的潜伏期为 3～7 d，体温升高至 40.5～42℃，稽留 3～10 d。

（2）病猪精神沉郁，食欲减退至废绝，伴有便秘或下痢；呼吸困难，常呈腹式或犬坐姿势呼吸；体表淋巴结，尤其是腹股沟淋巴结明显肿大。随着病程的发展，病猪耳、鼻、后肢股内侧和下腹部皮肤出现瘀斑，严重的出现坏死；后躯摇晃或卧地不起。

（3）怀孕母猪发生弓形虫病时，往往表现为高热、废食，精神委顿，持续数天后出现流产或死胎。

（4）病猪胸腔内有大量橙黄色液体；肺呈暗红色，间质增宽，内有半透明胶冻样物质，切面流出多量带泡沫的浆液；全身淋巴结有大小不等的出血点和灰白色坏死点，以肠系膜淋巴结最为显著；肝脏肿大，有大小不等的灰白色坏死灶；脾脏在患病早期显著肿大，在患病后期萎缩；肾脏表面与切面布满针尖大小出血点；肠黏膜增厚，有溃疡或出血。

（二）防治措施

（1）做好猪舍内外环境的消毒工作，舍外可使用 3%～5% 的氢氧化钠溶液，舍内做好空栏消毒与带猪消毒。

（2）加强饲养管理，保持猪舍卫生，及时处理废弃物，粪便进行堆积发酵处理。对于疑似死于该病的猪只及其粪便、流产的胎儿及胎衣要做好无害化处理。

（3）养殖场与饲料厂要经常灭鼠，禁止猪、猫同养，防止猫粪污染饲料及饮水，同时也要防止猪捕食啮齿类动物。

（4）定期做好血液检查，根据结果做好保健，并定期做好驱虫。

（5）治疗首选磺胺类药物，全群用药时在饲料或饮水中添加利效果较好，个别治疗时可选用磺胺嘧啶针剂。

第四节　大围子猪常见普通病的防治

一、仔猪白肌病

该病是硒-维生素 E 缺乏症中的一种以骨骼肌、心肌、肝组织等发生变化、坏死为主要特征的疾病。猪患病时，因其肌肉色淡，甚至苍白而命名为白肌病。

（一）临床症状

白肌病的基本症状是机体衰弱，肌纤维变性，有运动障碍，消化机能紊乱。根据病程经过，可分为急性型、亚急性型、慢性型和隐性型。

1. 急性型　在不出现任何明显症状的情况下，猪突然死亡（多为心猝死）。死亡猪耳部、腹下部及全身皮下出血。剖检发现心肌色淡，营养不良，多见于发育良好的仔猪。

2. 亚急性型　病猪主要表现骨骼肌营养不良，全身白色或黄白色，精神不振，喜卧，四肢收缩无力或麻痹，常出现后肢瘫痪或前肢跪下的症状，食欲减退。猪死亡后全身苍白，无血色，偶见腹下有不规则的瘀斑。

3. 慢性型　病猪生长发育明显迟缓，不运动或出现运动障碍，经常性腹泻，排出淡绿色褐色稀粪，身体逐渐消瘦。如不及时治疗，病猪最终因极度衰竭而死亡。此类型在全国各地均有发生，常被误诊为仔猪副伤寒。本型与仔猪副伤寒的区别是发生本型仔猪白肌病时，仔猪皮肤及耳部皮下无出血或淤血。

4. 隐性型　通常不见明显症状，只见逐渐瘦弱及原因不明的持续腹泻。猪常在剧烈运动后突然死亡。本型的消化机能紊乱极易与猪肠炎及消化不良症相混淆，临床上应注意区别。

剖检后发现主要病变部位在骨骼肌、心肌、肝脏。病变部肌肉变性，色淡，质地变脆，变软。有的猪因心肌变性，外观呈桑葚状（黄白相间），心呈球状。肝脏肿大，硬而脆，颜色为深红色-灰黄色-土黄色，表面有灰白色条纹或点块。肾脏可见充血、肿胀。

（二）防治措施

（1）仔猪日粮中含硒量应达到 0.3 mg/kg 左右，妊娠母猪及怀孕母猪日粮中含硒量应达到 0.1 mg/kg 以上。维生素 E 的需要量是：4.5～14 kg 的仔猪、怀孕母猪和泌乳母猪为每千克饲料 22IU，其他猪为每千克饲料 11IU。缺硒地区的妊娠母猪，产前 15～25 d 及仔猪生后第 2 天起，每隔 30 d 肌内注射 0.1% 亚硒酸钠 1 次，母猪 3～5 mL、仔猪 1 mL。另外，还要注意青饲料与精饲料的合理搭配，防止饲料发霉、变质。

（2）对发病仔猪，肌内注射亚硒酸钠维生素 E 注射液 1～3 mL（每毫升含硒 1 mg，维生素 E 50IU），也可用 0.1% 亚硒酸钠溶液作皮下注射或肌内注射，每次 2～4 mL，隔 20 日再注射 1 次。配合应用维生素 E 50～100 mg 肌内注射效果更佳。

二、猪应激综合征

猪应激综合征是猪遭受多种不良因素的刺激后，引发的非特异性应激反应。该病多发于封闭饲养或运输后待屠宰的猪，表现为死亡或屠宰后猪肉苍白、柔软和水分渗出，从而影响肉的品质。该病在国内外的发生率较高，可给养猪业带来巨大经济损失。

（一）临床症状

根据应激性质、程度和持续时间，猪应激综合征的表现形式有以下几种：

1. 猝死性（或突毙）应激综合征 多发生于运输、预防注射、配种、产仔等受到强应激原的刺激时，猪并无任何临诊病征而突然死亡，死后病变不明显。

2. 恶性高热综合征 体温过高，皮肤潮红，有的呈现紫斑，黏膜发绀，全身颤抖，肌肉僵硬，呼吸困难，心搏过速，过速性心律不齐直至死亡。死后出现尸僵，尸体腐败速度比正常的快；内脏呈现充血，心包积液，肺充血、水肿。此类型病征多发于运输拥挤和炎热的季节，此时死亡更为严重。

3. 急性背肌坏死征　多发生于国外猪种——兰德瑞斯猪，在遭受应激之后，急性综合征持续 2 周左右时，病猪背肌肿胀和疼痛，棘突弓起或向侧方弯曲，不愿移动位置。当肿胀和疼痛消退后，病肌萎缩，而脊椎棘突凸出，几个月后可出现某种程度的再生现象。

4. 白猪肉型（即 PSE 猪肉）　病猪最初表现为尾部快速颤抖，全身强拘并伴有肌肉僵硬，皮肤出现形状不规则的苍白区和红斑区，然后转为发绀。呼吸困难，甚至张口呼吸，体温升高，最终因虚脱而死。死后很快尸僵，关节不能屈伸，剖检可见某些肌肉苍白、柔软、水分渗出。死后 45 min 肌肉温度仍在 40℃，pH 低于 6，而正常猪肉 pH 应高于 6。这与病猪死后糖原过度分解和乳酸产生、肉的 pH 迅速下降、色素脱失与水的结合力降低所致。此种肉不易保存，烹调加工质量低劣。有的猪肉颜色比正常的更加暗红，称为"黑硬干猪肉"（即 DFD 猪肉），此种情况多见于长途运输而挨饿的猪。

5. 胃溃疡型　猪受应激作用引起胃泌素分泌旺盛，形成自体消化，导致胃黏膜发生糜烂和溃疡。急性病例，外表发育良好，易呕吐，胃内容物带血，粪便呈煤焦油状。有的胃内大量出血，体温下降，黏膜和体表皮肤苍白，突然死亡。慢性病例，食欲不振，体弱，行动迟钝，有时腹痛，弓背伏地，排出暗褐色粪便。若胃壁穿孔，则继发腹膜炎而死亡。有的猪只在屠宰时才发现胃溃疡。

6. 急性肠炎水肿型　临诊上常见的仔猪下痢、猪水肿病等，多为大肠杆菌引起，与应激反应有关。因为在应激过程中，机体防卫机能降低，大肠杆菌即成条件性致病因素，导致非特异性炎性病理过程。

7. 慢性应激综合征　由于应激原强度不大，持续或间断反复引起的反应轻微，因此易被忽视。实际上它们在猪体内已经形成不良的累积效应，致使猪生产性能降低，防卫机能减弱，容易继发其他各种疾病。生前血液生化变化，为血清乳酸升高、pH 下降、肌酸磷酸激酶活性升高。

（二）防治措施

1. 预防

（1）应加强遗传育种选育工作，通过氟烷试验或肌酸磷酸激酶活性检测和血型鉴定，逐步淘汰应激易感猪。

（2）尽量减少饲养管理等各方面的应激因素对猪产生的压迫感。例如，改善饲养管理，减少各种噪声，避免过冷或过热、潮湿、拥挤，减少驱赶、抓捕、麻醉等各种刺激。运输时避免拥挤、过热，屠宰前避免驱赶和用电棒刺激猪。在可能发生应激之前，使用镇静剂氯丙嗪、安定等；并补充硒和维生素 E，从而降低应激对猪所致的死亡率。

2. 治疗　治疗原则就是镇静和补充皮质激素。首先将病猪转移到非应激环境内，用凉水喷洒皮肤。症状轻微的猪可自行恢复，但皮肤发紫、肌肉僵硬的猪则必须使用镇静剂、皮质激素和抗应激药物。如选用盐酸氯丙嗪作为镇静剂，则剂量为 $1\sim2$ mg/kg（以体重计），一次肌内注射；或安定 $1\sim7$ mg/kg（以体重计），一次肌内注射；也可选用维生素 C、亚硒酸钠维生素 E 合剂、盐酸苯海拉明、水杨酸钠等。使用抗生素以防继发感染，可静脉注射 5％的碳酸氢钠溶液防止酸中毒。

三、猪肺炎

猪肺炎是一种常见的非传染性呼吸道疾病，临床上多以支气管炎出现，极少出现大叶性肺炎。其发病原因主要是受寒感冒、平时饲养管理不当及出现流行性感冒，猪有蛔虫、受某些重性感染等均可继发本病。

（一）临床症状

（1）病猪体温升高，可达 $40.5\sim42$℃，精神沉郁，食欲减少或废绝，喜喝冷水，进而粪便干燥，尿液呈淡黄色至褐色。

（2）发病后体温变化的同时呼吸困难，频率加快，出现明显喘息症状。

（3）吻部干燥，鼻翼张开，某些病例从双侧鼻孔流出脓性鼻汁。

（4）随着病情的加剧，病猪不愿站立，耳尖皮肤发绀。

（5）在整个病程中，大部分病猪伴有咳嗽症状，尤其是在清晨或运动时咳嗽加剧。

（二）防治措施

病猪应隔离，并置于光线充足、温暖、通风的猪舍中，给予多汁的易消化饲料。治疗原则为改善营养、加强护理、消炎、止咳、制止渗出物渗出等。

治疗可混合应用青霉素和链霉素，且效果较好。

四、咬尾症

本病多发生在育成猪（偶尔也有大猪）群，大多认为与猪群饲养密度过大、通风不良、食盐过低或缺乏有关。本病一般在外国品种猪出现较多。

（一）临床症状

当个体咬伤其他猪尾巴后，同栏其他猪喜舔被咬伤猪的血迹，个别被咬猪甚至连尾根均被咬掉，还有的肛门脱出，最后衰竭死亡。

（二）防治措施

降低饲养密度，保持通风良好。将被咬伤猪迅速移入独栏，注射复方氨基比林 1 mL、青霉素 80 万 IU，一日 2 次。同时，对咬伤部位涂磺胺软膏或碘酒，用橡皮膏缠住。

此外，还应隔离个别专咬别的猪尾的猪，或发现正在咬其他猪尾时给予制止（打其嘴部）。为防止咬尾，仔猪出生后 6～10 日龄可在其尾根 2～3 cm 处进行断尾。

五、猪湿疹

湿疹是皮肤表层发生的皮肤炎症。依其病变过程分为红斑期、丘疹期、水疱期、脓疱期、糜烂期、结痂期、落屑期。在发病阶段伴随充血、渗出、奇痒等症状。

（一）临床症状

急性患猪大多发病突然，病初猪的下颌、腹部和会阴两侧皮肤发红，同时出现蚕豆大小的结节，并瘙痒不安，以后随着病情加重患猪皮肤出现水疱、丘疹，水疱、丘疹破裂后常伴有黄色渗出液，最后结痂或转化成鳞屑等。患猪若治疗不及时则急性常会转成慢性。因皮肤粗厚、瘙痒，所以猪常蹭墙、擦树止痒，导致全身被毛脱落，出现局部感染、糜烂或化脓；久之猪体消瘦，虚弱而死。

（二）防治措施

高温季节不要在猪舍内积肥，应经常清扫猪圈，保持舍内清洁、干燥；同时，防止圈内漏雨，经常将垫草置于太阳下暴晒，墙壁湿度大的还可撒一些石灰除潮。

对于急性患猪可静脉注射氯化钙或葡萄糖酸钙 10～20 mL，同时内服维生素 A 5 000 IU 和维生素 C 片、复合维生素 B 片各 0.5～2 g，必要时可注射肾上腺素 0.5～1.5 mL。对于病灶处出现潮红、丘疹的患猪，可将鱼石脂 1 g、水杨酸 1 g、氧化锌软膏 30 g 混合后涂擦。对于慢性湿毒症患猪，可先用肥皂水洗净患部，再涂擦 10％硫黄煤焦油软膏进行外洗治疗。如果患病部位化脓感染，则可先用 0.1％高锰酸钾溶液，再涂擦磺酊或撒上消炎粉。

第五节　大围子猪疫病防控重点

一、控制传染源

引入其他地方的猪只前要详细了解当地疫情和猪场免疫背景，仔细检查猪只是否健康，猪场是否持有效的检疫证明和耳标。运输笼具应彻底消毒，运输路线最好远离疫区。被引入猪只到达目的地后，先在远离猪场的隔离区观察，接种相关疫苗，按照《动物检疫管理办法》要求的时间进行隔离，确认无疫病发生后才能进入猪场。商品猪出售前应向当地动物卫生监督机构申报检疫，并经检疫合格开具产地检疫证明后，方予以出售。

二、切断传播途径

严防猫、犬、鼠等动物进入猪场，因为它们能将传染病和寄生虫病传播给猪群。猪场工作人员平时不准到发生猪传染病的地方去，不准将猪肉带进场内食用，饲养人员不准串场。

三、建立严格的消毒制度

一要建好消毒室和消毒池。消毒室内备有消毒好的工作服、鞋帽，并设有紫外线消毒灯具。猪场大门口及各饲养间门口设消毒池，经常更换消毒药。

二要对外来人员、车辆进行消毒。猪场应尽量谢绝参观。当外来人员必须进入时，应做好消毒工作，更换工作衣帽，经门口的消毒池消毒、消毒室紫外线消毒后方可入内。车辆要经过猪场入口处的消毒池，并用消毒液喷洒消毒后方可入内。

三要对猪场工作人员进行消毒。入场前应淋浴，更换工作衣帽，并经消毒室紫外线消毒。进入猪圈应经各圈舍门口的消毒池消毒鞋底。

四要加强圈舍的常规消毒。通常每周消毒 1 次。饲槽用具在每次喂完后都应清洗。每半个月要彻底清洗冲刷饲槽、圈栏、地面，然后全面消毒。在猪只"全进全出"前后，以及发病猪的圈舍，更应彻底全场冲刷消毒。病死猪经消毒后进行深埋处理。

五要处理好猪场的废弃物。每天两次对圈舍进行清扫，及时将粪便等废弃物运离猪场，进行生物发酵消毒或化学消毒。保持猪舍内清洁，无粪尿。

四、疫苗接种保护

规范的疫苗接种，可以使猪获得有效的抗体免疫力，防止传染病的发生。不同的猪场应制定针对本场的免疫程序，其中包括疫苗种类、接种时间、接种方法、接种次数、间隔时间等。另外，还需要猪场根据本地区疫情、传染病流行季节、猪群免疫情况等综合制定。

免疫接种中应注意的问题：

第一，疫苗一定是国家指定的正规疫苗生产厂家生产，且在有效期之内，储存方法正确，凡过期、变质、瓶塞损坏开裂的疫苗都应废弃。稀释倍数、剂量及接种部位要正确。

第二，猪场要备有 5%碘酊棉、75%酒精棉、1%过氧乙酸、次氯酸钠消毒剂等常规消毒药。接种器械的消毒要彻底，接种时最好做到每只猪单用 1 个针头，注射部位要消毒。

第三，应全面了解猪群的健康状况，接种前应检查猪只有无疾病，在疾病的潜伏期不能接种疫苗，以防诱发疾病。

第四，注射完后每天定期检查猪群 2～3 次。检查内容包括猪的精神状态、食欲、体温等情况，对接种疫苗后反应严重的猪应给予治疗。

第五，做好登记工作，如预防注射日期、疫苗种类、注射剂量、注射中发生的问题、注射人员及保定人员的姓名等。

第六，对同一猪群中漏注射的猪，应做记录并在猪身上做标记，以便补注。

五、安全使用饲料

各种饲料添加剂或添加剂原料，不能和一般原料混在一起。不同生产类型猪只，对能量和蛋白质的要求差别较大，因此要注意饲料成分的科学配比。要做好饲料原料的防虫、防潮、防晒、防霉、防污染、灭鼠等工作。尤其是在夏季，更应做好饲料的防霉工作，霉变饲料必须废弃。

第八章
大围子猪养殖场建设与环境控制

第一节　猪场选址与建设

一、选址前的工作

此部分内容同"第七章"第一节中的"一、猪场选址和布局"。

二、猪场场址的选择

涉及面积、地势、水源、防疫、交通、电源、排污、环保等诸多方面，需周密计划，事先勘察。只有场址符合当地土地利用发展规划和村镇建设发展规划的需求，才能选好场址。

1. 地形地势　猪场一般要求地形整齐、开阔，地势较高、干燥、平坦或有缓坡，背风，向阳；电力和其他能源供应应充足。

猪场地势较高，猪场建设时排水设施的投资相对减小，场区内湿度相对较小，病原微生物、寄生虫、蚊蝇等有害生物的繁殖和生存受到限制，猪舍环境控制的难度有所降低，卫生防疫方面的费用也相对减少。此外，在平原地区很多场地是平坦而向阳的；但是山区和丘陵地区还需要考虑两个问题：一个是坡度大小，另一个是背阴还是向阳。坡度过大必然增加施工难度，对以后的生产管理、运输也有不利影响（如妊娠母猪摔跌后会导致机械性流产）。背阴的场地会因缺少太阳辐射或湿度过大导致猪的健康状况恶化和生产性能降低。因此，在没有足够大的平坦场地可供选择时，坡度在20%以下，避开风口、向阳的东南向或南向缓坡地带可以作为建场考虑的对象。

另外，场地的优劣还与地形有很大关系。这主要涉及地形的开阔与狭长、整齐与凌乱、面积大小 3 个方面的问题。开阔的地形对猪场通风、采光、施工、运输、管理等方面都十分有利，而狭长的地形不仅影响以上诸多方面，而且会因边界的拉长增加建筑物布局、卫生防疫和环境保护的难度。除此之外，场地面积往往也很重要，多数的设计者会首先考虑场地面积的大小，但有时也会因考虑不周或因社会、经济等方面的原因选择过小的场地，由此产生的结果往往是猪的生产受到各种潜在威胁，如通风、采光、防火、疫病隔离等普遍受到影响。另一种可能出现的问题是，设计者只考虑了当前建场的面积需要，未作长远规划，可能会对猪场未来的发展造成很大的局限性。

2. 交通　猪场必须选在交通便利的地方。但因猪场的防疫需要和对周围环境的污染，又不可太靠近主要交通干道，最好离主要干道 400 m 以上；同时，要距离居民点 500 m 以上。如果有围墙、河流、林带等屏障，则距离可适当缩短些。禁止在旅游区及工业污染严重的地区建场。

3. 水源和水质　猪场水源要求水量充足，水质良好，便于取用和进行卫生防护。水源水量必须能满足场内生活用水、猪只饮用及饲养管理用水（如清洗调制饲料、冲洗猪舍、清洗机具、用具等）的要求。

供猪场选择的水源主要有两种，即地下水和地面水。不管以何种水源作为猪场的生产用水，都必须满足两个条件，即水量充足和水质符合卫生要求。在水污染比较严重的今天，地面水的水质是必须要考虑的方面。如果依靠自来水公司提供饮用水，则会增加养猪成本；而猪场自己解决饮用水，则应考虑水源净化消毒和水质监测的投资费用，可采用冲洗用水和饮用水分开的方式。虽然冲洗用水耗水量大，但经一般净化消毒处理和简单的水质监测即可使用，可节约用水的成本。采用乳头式饮水器，推荐标准应该是：怀孕母猪，乳头阀门端口高度应在地面以上 70~90 cm 处，同时水流速率应为 0.5~1 L/min；哺乳母猪，乳头式饮水器高度应在地面以上 75~90 cm，水流速率应为 1~2 L/min；仔猪，饮水器乳头的端口高度应在地面以上 10~15 cm 处，水流速率应为 0.5~0.7 L/min。

4. 土壤特性（沙壤土）　一般情况下，猪场土壤要求透气性好、易渗水、热容量大，这样可抑制微生物、寄生虫和蚊蝇的滋生，并可使场区昼夜温差较小。

为避免与农争地，选址时应少占耕地，不宜过分强调土壤种类和物理特

性，应着重考虑其化学和生物学特性。注意地方病和疫情的调查，应避免在旧
猪场场址或其他畜牧场场地上重建或改建。

5. 场地面积　猪场占地面积依据猪场生产的任务、性质、规模和场地的
总体情况而定，一般可按每头繁殖母猪 40～50 m² 或每头上市商品猪 3～4 m²
计划。

三、猪场布局

猪场生产区布置在猪场管理区的上风向或侧风向处，相距应在 200 m 以
上。污水粪便处理设施和病死猪处理区在生产区的下风向或侧风向处，相距
50 m 以上。

养猪场在总体布局上至少应包括生产区、生产管理区、隔离区、生活区
等。为便于防疫和安全生产，应根据当地全年主风向和场址地势，依次安排以
上各区。

1. 生产区　生产区包括各类猪舍和生产设施，这是猪场中的主要建筑区，
建筑面积一般占全场总建筑面积的 70%～80%。种猪舍要求与其他猪舍隔开，
形成种猪区。种猪区应设在人流较少和猪场的上风向，种公猪在种猪区的上风
向，防止母猪的气味对公猪形成不良刺激，同时可利用公猪的气味刺激母猪发
情。分娩舍既要靠近妊娠舍，又要接近培育猪舍。育肥猪舍应设在下风向，且
离出猪台较近。在设计时，使猪舍方向与当地夏季主导风向成 30°～60°角，使
每排猪舍在夏季能获得最佳的通风条件。在生产区的入口处，应设专门的消毒
间或消毒池，以便对进入生产区的人员和车辆进行严格消毒。严禁外来车辆进
入生产区，也禁止生产区车辆外出。兽医室、消毒室、更衣室、洗澡间应设在
生产场大门一侧，进生产区的人员一律经消毒、洗澡、更衣后方可入内。各猪
舍饲养管理人员由饲料库内门领饲料，用场内运料小车将饲料运送至猪舍。在
靠围墙处设装猪台，最好由专用赶猪道将猪运至场外的装猪台，售猪时由装猪
台装车，避免外来车辆进场。

生产区的种猪、仔猪、后备猪等宜置于上风向、地势较高、与场外接触频
率最小处。猪舍的朝向关系猪舍的温差、通风、采光和排污效果，一般以冬季
或夏季主风向与猪舍长轴成 30°～60°角为宜，避免主风向与猪舍长轴垂直或平
行。为利于防暑和防寒，猪舍一般以南向或南偏东 45°角、南偏西 45°角为宜。
生产区的布局宜采用早期断奶设计，分设繁殖区、保育区、生长育肥区等，生

长育肥区宜靠近生产管理区，育肥舍和育成待售舍宜置于最外面。

2. 生产管理区　生产管理区是猪场生产管理必需的附属建筑物，包括行政区、技术办公室、接待室、饲料加工调配车间、饲料储存库、办公室、水电供应设施区、车库、杂品库、消毒池、更衣消毒、洗澡间等。该区与日常饲养工作关系密切，与生产区的距离不宜远。成品饲料库应靠近进场道路处，并在外侧墙上设卸料窗，场外运料车辆不许进入生产区，饲料由卸料窗入料库。

3. 隔离区　隔离区包括隔离猪舍区、尸体剖检室、粪污处理区等。该区设在整个猪场的下风或偏下风方向的地势低处，以避免疫病传播和环境污染。

4. 生活区　生活区包括办公室、接待室、财务室、食堂、宿舍等，这是管理人员及其家属日常生活的地方，应单独设立。一般设在生产产区的上风向，或与风向平行的一侧。此外，猪场周围应建围墙或设防疫沟，以防兽害和避免闲杂人员进入场区。

5. 其他

（1）道路　场内道路是猪场总体布局中的一个重要组成部分，对卫生防疫及提高工作效率起重要的作用。场内应净污分道，互不交叉，出入口分开。净道是人行，运输饲料和产品，污道为运输粪便、病猪和废弃设备的专用道。

（2）供排水系统　供水又分为饮用水和冲洗水，前者为低压，后者为高压，须规划独立的供水管网。自设水塔是保证清洁饮水正常供应的方法之一，位置选择要与水源条件相适应，且应安排在猪场最高处。排水包括污水、雨雪水等的排放，须分别规划排水管网。

（3）绿化　绿化不仅美化环境、净化空气，也可以防暑、防寒，改善猪场的小气候；同时，还可以减弱噪声，促进安全生产，从而提高经济效益。因此，在进行猪场总体布局时，一定要考虑和安排好绿化。

（4）建筑物布局　猪场建筑物的布局在于正确安排各种建筑物的位置、朝向和间距。生活区和生产管理区设在猪场大门附近，门口分别设行人和车辆消毒池，两侧设值班室和更衣室。生产区各猪舍的位置安排应尽力保证配种、转群等方便，并注意卫生防疫。种猪舍、仔猪舍安排在上风向和地势高处。分娩猪舍既要靠近妊娠猪舍，又要接近仔猪培育舍。围墙内侧设装猪台，运输车辆停在墙外装车。病猪和粪污的处理应置于全场最下风向和地势最低处，距生产区宜保持至少50 m的距离。

第二节 规模化养猪场的设计
原则与要点

一、猪场设计的基本原则

1. 符合猪的生物学特性 应根据猪对温度、湿度等环境条件的要求设计猪舍，猪舍温度最好保持在 $10\sim25℃$，相对湿度以 $45\%\sim75\%$ 为宜。为了保持猪群健康，提高猪群的生产性能，一定要保证舍内空气清新，光照充足。尤其是种公猪更需要充足的光照，以激发其旺盛的繁殖机能。

2. 适应当地的气候及地理条件 各地的自然气候及地区条件不同，对猪舍的建筑要求也各有差异。雨量充足、气候炎热的地区，主要是注意防暑降温；高燥、寒冷的地区应考虑防寒保温，力求做到冬暖夏凉。

3. 便于实行科学的饲养管理 规模化养猪场采用"全进全出"的生产方式。在建筑猪舍时首先应根据生产管理工艺确定各类猪栏数量，然后计算各类猪舍栋数，最后完成各类猪舍的布局，以达到操作方便、降低劳动生产强度、提高管理定额、保证养猪生产的目的。

4. 简单实用，坚固耐用 采用轻钢结构或砖混结构，根据当地自然气候条件，因地制宜地采用半开放式或有窗式封闭猪舍。猪舍的屋顶应采用双坡式，猪舍净高度不应低于 $3m$。猪舍的构造必须便于控制疾病传播，这样有利于疫病预防和环境控制。

二、猪场设计要点

1. 利于防疫
（1）猪舍位置 距离生活区和办公区 $50m$ 以上。
（2）供水卫生 水塔或水池地势最高，且远离污染区，最好在 $200m$ 以上。
（3）种源保护 种猪、后备猪是猪群的核心，它们的健康至关重要，应将其安置在最不易被污染的地方，如位置相对较高、远离下风口、远离易与外界接触的场地（$50m$ 以上）。
（4）利于病源控制
①猪场内病源控制设计 种用公母猪、保育仔猪、生长猪、后备猪或育肥猪对疫病的抵抗力不同，因此宜根据猪的不同生产阶段分区建设，各区间距

50 m以上。小区内应留有足够的用于消毒和周转的闲置空间；小区内应规划设计好道路，转群宜使用内转车。猪场内不同阶段的猪应分别拥有隔离区，隔离区应远离正常生产区域。日常用兽医室与兽医化验室分开，另外猪场还应规划尸体处理设施设备等基本配套设施。

②猪场外来病源控制设计　猪场宜建围墙或隔离带，且与猪舍间有50 m以上隔离缓冲地带；因为人员、饲料及其他物资（如药品）等均有机会带入外来微生物，所以应设计消毒房间，猪舍门内设消毒池，猪场大门设消毒坑；猪场外规划建设隔离舍，用于引进猪的隔离等。

2. 利于环保　猪场应规划集粪间，用于猪粪的收集；猪粪处理设备，如沼气池、堆肥发酵间、粪便燃烧炉等，用于粪便的再处理，以促进粪便的再利用；猪场应设污水过滤装置或配套设备，也可配置合适蓄水池，并培育能消化处理污水的林地、蔬菜基地、农产品基地等，污水经层层过滤后再汇入鱼池用于养鱼等。

3. 利于生产管理　按不同生产阶段、不同圈舍分区布局，生产区的猪舍排列应严格符合工艺流程，猪舍间应规划设计合理的赶猪道；猪舍按生产流程就近规划设计，如怀孕舍的规划设计应在配种舍与产仔舍之间，公猪舍与待配母猪宜相靠近，生长猪舍与育肥猪就近设计，等等；并合理规划性能测定区、供精站、饲料加工区、库房、生活区等。

第三节　不同猪舍的建设要求及内部布置

不同性别、不同饲养和生理阶段的猪对环境及设备的要求也不同，设计猪舍内部结构时应根据猪只的生理特点和生物学习性，合理布置猪栏、走道，合理组织饲料、粪便运送路线，选用适宜的生产工艺和饲养管理方式，充分发挥猪只的生产潜力，提高饲养管理工作者的劳动效率。

一、公猪舍

公猪舍既可独立设计房舍，也可与配种母猪舍对应排列设计。从利于提高公猪性欲、促进母猪发情、便于配种的角度考虑，推荐使用后者。设计公猪舍时，应考虑维护公猪肢蹄的健康和符合公猪睾丸对环境气温的要求，保证公猪的正常配种能力和良好的精液品质。设计要求如下：

1. 避免公猪栏内有伤害公猪繁殖性能的设施　例如，若公猪能轻易爬上圈栏，则易养成自淫的恶癖，这样会伤及公猪生殖器或出现无成熟精子现象；若公猪栏太狭窄，则会导致睾丸摩擦而受到创伤，从而影响其繁殖性能。

2. 避免高温度环境对公猪繁殖性能的影响　高温会严重影响公猪的繁殖性能，因此公猪舍的防暑降温设施较为重要。例如，屋顶或舍内设计喷雾降温、舍内通风降温设施设备或水帘、空调等，公猪栏的围栏一般采用栏杆，以利通风。

3. 猪栏设计应避免伤及脚蹄　例如，地面选用防滑材料，材质不可太粗糙，地面坡度应以 1/30 为宜；公猪栏焊管质地好，纵向排列，高度不宜过低，以免公猪攀越；公猪栏高度以不低于 140 cm 为宜，以免磨伤猪蹄。

4. 配合待配母猪栏设计　有助于诱导或刺激母猪发情。

5. 利于防疫　这样做的目的是，最好能按月轮空消毒一次来设计。

6. 与配种舍合建注意事项　公猪舍如果与配种舍合建，则应分别设计采精间和配种间，采精间四周应做防干扰设计，如用水泥墙或加挡板；地面采用水泥地面配合防滑地板；旁边建化验室以方便检测精液品质、配制和存贮精液。设计时，要求防风保暖，有电力供应，有工作台、显微镜、离心机、恒温箱、灌装机、保温箱、衡量器，以及常用的量具、容器、药品等；房间要求使用空调。

7. 有足够的空间　公猪栏面积不低于 6 m²。钢性材料猪栏一般宽 2.5 m、深 3.5 m、高 1.3 m，除边缘外，所有钢管均纵向排列设计。

二、空怀配种舍及妊娠舍

在我国南方，空怀配种舍及妊娠舍的设计主要以降温为主，同时也要为冬天的保温提供保障。为利于防疫、确保生产安全，并有利于生产管理，空怀配种舍和妊娠舍的设计要求是：

1. 根据生产流程按全进全出要求设计　按规模确定流转量，并按同期发情、配种、转群、妊娠设计，规划设计包括轮空闲置在内的圈舍。

2. 通道宽度设计要求　遵照前面介绍的共性，一般为 0.6～1 m；通道底部应高于圈栏地面，在地面设计通食槽的妊娠猪舍，靠近食槽边的通道可高出食槽另一边缘 5～15 cm，这对猪的拱食习惯有帮助。

3. 猪栏顶部设计要求　应以水平为宜，同时在猪舍内猪栏后部的下上方，设计用于工作人员攀附的设施，以有利于防疫注射、踩背诊断和检查猪的发情、返情等。

4. 有降温措施　此阶段的猪舍设计均以降温为主，当前使用较多的为喷雾加排风扇降温系统，也可由专业厂家设计安装水帘空调。

5. 圈舍参数设计要求　猪栏门能双向开闭，钢性管材门的前门设计为钢管纵向排列，且间距为 8～12 cm。猪栏长 2～2.1 m、头部端长 1 m、高 0.9～1.1 m；焊管纵向排列，间隙 8～12 cm；尾部端长 1～1.1 m，高 0.6～0.8 m；为便于工作人员操作，焊管宜横向排列，间隙 18～25 cm；门离地面的距离不低于 0.5 cm，但不宜超过 15 cm。供水供电设施除无小猪利用的外，基本与产房相同。配种妊娠阶段限位饲养，空怀阶段可设计大栏饲养，每栏以 4～6 头为宜。此阶段母猪可用单体食槽，也可采用地沟通食槽，有条件的可安装自动加料系统。

三、分娩舍

从防疫角度出发，产仔栏首先应考虑便于全进全出，产仔栏的平面设计多以单列式或双列式排列为主，整栋猪舍的门开在一侧的通道上。要求产仔舍的跨度和宽度按生产流程流转数量设计，不宜所有猪舍面积一样大小。产仔舍之间用墙将猪舍完全隔开，便于全进全出和多种形式的彻底消毒。另外，为促进母猪正常采食和泌乳，舍内温度不宜太高，顶部和侧面设计应更有利于室内温度调节，侧面风门采用上下开闭式，且以上风口调节。为提高仔猪对环境的适应性，对环境温度的要求主要以保温为主，仔猪所在区域应有局部性的保温设施，采用保温灯、保温箱、保温电热板或地板暖水加热、暖气升温等均可。同时，要求有利于清洁卫生、消毒、防压、防咬等设计。

从安全生产角度出发，首先，通道设计不可忽视，一般要求：①利于防疫和生产管理，通道应便于消毒和排水，一般为水泥地面，不宜光滑，并高出通道两侧地面。②通道设计应可防止猪流产或早产，或防止人员被撞伤等，通道宽度以不能让大猪并排运行为宜（除饲料通道外）。③赶猪通道最好能有效调节猪的运动方向，这主要与圈门设计有关，猪栏门最好能双向开闭。其次，防止猪只逃出栏外，猪栏的牢固性、高度、圈栏焊管的位置和方向，以及防跳出的压杆设计应合理。

分娩舍的设计参数：分娩栏长 2.1～2.2 m、宽 1.6～1.8 m。分娩栏内设有钢管拼装成的长方形分娩护仔栏，栏宽 0.6 m、高 0.9～1.1 m。这既能限制母猪的活动范围，又能防止其被咬伤或踏压仔猪，同时便于哺乳，栏前有食槽、饮水器（高度小猪 20 cm、大猪 60～90 cm）。栏的两侧为小猪活动场地，宽 0.4～0.6 m、高 0.6 m，缝隙宽 3 cm。食槽一般购买专业厂家的成品，要求母猪与小猪分开使用，母猪食槽设计安装参数为边缘高 20～30 cm，小猪食槽放置于小猪活动场地，以防被大猪混用。产床一侧可放仔猪保温箱，箱上设红外线灯泡，高度以小猪不能触及且在小猪站立时测试其背部温度无灼热感为宜。保温箱的下缘一侧有一个高为 20～30 cm 的出口，以方便仔猪进出活动。如果不用保温灯，也可用电热保温板或热水管网加热地板等。

四、后备猪舍

后备猪舍数量的确定与猪场的规模、公母猪的年更新率和选择留用的阶段有关。对于种猪场，从出生开始进行测定、记录、淘汰等，经断奶（由产房到保育舍）、脱温（由保育舍到生长舍）和前期的生长培育后，发育优良、档案优秀的小猪才能留作种用，后备猪培育一般为 3～4 个月，度过至少 1 个发情期后才被转入配种舍。由于培育后备猪的阶段不同，因此饲料和饲养方式不一，圈舍设计也不同。前期一般混群饲养，每栏最多不超过 5 头，饲养期为 2 个月；后期最好使用单栏饲养，以利于防疫、发育测定、发情鉴定等，圈舍设计按 2 个月预留。因此，设计饲养时期为 4 个月，按公、母猪年更新率为 33％计算，后备公猪按采用人工授精的扩繁场 1∶50 搭配，具体要求是：①后备公猪舍要求单栏设计，按比例搭配时每个阶段不足两栏的按两栏设计；同时，最好与即将成年的后备母猪对应排列；②后备母猪分两个阶段设计，前期为群养，设计数量最佳组合为 3 头；后期采用单栏设计，与即将成年的后备公猪对应排列；③有条件的可设计运动场所。

五、生长育肥舍

随着猪个体的增大，斗殴造成的损害也增大。因动物位次效应的影响，即使在完全自由采食状态下，也有猪只发育不良而被淘汰处理的。如果猪群较大，那么由此而造成的淘汰损失也会增加。在我国的传统养猪业中，常采用"催两头吊中间"的做法。在当前市场经济条件下，要化解市场风险，商品猪育肥有时采用这种做法是可取的，如在养猪利润快速下滑阶段。为避免非自由采食情形出现而影响猪发育，或混群引起疾病传播而影响猪只健康，建生长育肥舍实施全进全出，原则上宜分不宜合。

生长育肥舍较常见的设计是单列式和双列式，但由于单列式比双列式更易选择场地和排污，因此生长育肥猪推荐单列式设计。

因不同时期猪的个体大小不同，所以占地面积也不一样。圈栏的大小，生长期为每头 $0.5\sim0.7\,m^2$，育肥期为每头 $0.7\sim1.0\,m^2$，设计时一般按生长期和育肥期两个阶段分开。按照防疫要求宜分不宜合的设计原则，从保育后尽可能不再分群。因此，圈舍数量为保育舍的圈栏数乘以生长期天数，除以保育期天数，再加上保育期用于消毒周转的圈栏数。育肥期的数量通常与生长期的相同，目的是为待宰留有余地。

饮水器数量配置要求是：小猪每栏 $1\sim2$ 个，比例不超过 $1:10$；大猪至少 2 个，比例最好不超过 $1:5$。

六、保育舍

在设计保育舍时，除参照一般设计参数外，还应因地制宜地综合考虑。例如，南方湿度大，保育温度舍内特别适宜微生物的繁殖，因此不论通风系统、地面排污系统、饮水系统等均做好防疫。

此阶段的猪舍主要以卫生、保温为主。设计时可采用整体保温，如屋顶吊顶，可使冬季舍温提高 $8\sim10℃$，材料可选用耐用、防火、防潮等的 PVC 板、层板、竹板；还可采用整体保温与局部保温相结合的方式，局部保温可选用红外线灯、暖气等辅助设备。

保育舍的建筑面积要根据猪场的生产规模和工艺流程来确定。每头保育猪占 $0.3\sim0.4\,m^2$，同时考虑保育猪保育时间和保育栏消毒时间。

保育栏的数量除由母猪饲养规模决定外，还取决于仔猪断奶的时间，断奶越早，保育所需的时间就越长。28 日龄断奶，保育期为 35 日龄；21 日龄断奶，保育期为 42 日龄，因为小猪必须有足够的生长时间才具备应对恶劣环境的抵抗能力和适应能力。

另外，保育舍数量设计还应从以下 3 个角度考虑：

一是从仔猪断奶开始只分不合，既利于防疫，也利于降低淘汰率。保育栏设计数量为周断奶栏数与保育周数乘积的 2 倍，并加上用于周转消毒的数量。缺点是造价相对较高。但能够通过减少淘汰、减少风险等把损失补回来，推荐使用。

二是将断奶小猪合并饲养，在合并时同时将原群中的公、母猪分开，混群的年龄越小，因斗殴造成的损害就越少。在合并时，每栏限额不超过 20 头，需合并的窝数一般不超过 3 窝，最好为两窝合并、公母分开饲养。按此规划，保育栏数量为周断奶数与保育周数的积并加上用于消毒周转的栏数。

三是将仔猪不分不合饲养到下一阶段，优点是能降低此阶段的斗殴损害，缺点是不利于后备猪的培育。保育栏数量与第二种方法的设计数量相同。肉猪饲养可使用此法。

七、隔离舍

1. 入场猪群隔离舍　入场猪群隔离舍主要用于引进猪只的隔离。要求远离生产猪场 1 km 以上，有条件的可更远一些；小猪栏的设计可参照生长育肥舍，设计群体饲养密度每栏不超过 5 头；大猪栏位和公猪栏位分别参照配种舍和公猪舍，设计参数参照最小标准，如限位栏标准采用长为 2 m、宽为 0.55 m，公猪栏占地面积不超过 8 m²。

2. 病猪隔离舍　主要用于病猪的隔离、观察和治疗。病猪隔离舍应光线充足、通风效果好，并应备有保温设施和特殊消毒设备。设计间数 3 间以上，最好为每间 1 栏。病猪隔离舍的设计参照生长育肥舍，地面采用水泥地面，每栏面积为 4~5 m²。

第四节　猪舍环境控制

为了给猪创造一个良好的生长环境，做好猪舍的环境控制就尤为重要。猪舍的环境控制主要有以下几方面。

一、通风

通风是改善猪舍小气候的重要措施，不仅可改善空气质量，还能降温、除湿等。

1. 自然通风　较小的猪舍跨度设计有利于猪舍的自然通风，易于空气对流。自然通风猪舍，可在进气口设置地脚窗、大窗、通风屋脊等，使猪舍的每一个角落温度一致。

2. 机械通风　通风口设置机械通风设施设备，以便在自然通风不足时使用。在设计时通风口宜高低不等，但要防止冬季因通风口过低导致冷风直接吹向猪床。

二、光照

光照对猪的生长发育、健康和生产力都有较大影响。

猪舍多以自然采光为主，人工照明为辅。人工照明设计可保证猪床照度均匀，满足猪群的光照需要。

三、防暑降温

1. 遮阳设计　猪舍遮阳既可采取加长屋顶出檐，顺窗户设置水平垂直的遮阳板及绿化遮阳等措施；也可以种植爬蔓植物，在南墙窗口和屋顶形成绿的凉棚。

2. 隔热设计　猪舍隔热设计的重点在屋顶，可采用屋顶热阻材料，设计多层结构屋顶、有空气间层的屋顶，屋面选用浅色而光平的材料以增强其反射太阳光的能力等。

3. 猪舍降温　猪舍可采用冷风机降温、湿帘风机降温、喷淋降温、喷雾降温等措施。

4. 猪场绿化　猪场绿化可改善猪场小气候，同时也能阻挡阳光对猪舍和场面的直射，从而降低猪舍屋面和周围的地表温度，达到对猪舍降温的目的。另外，还可起到过滤空气、净化空气、减少场区灰尘的作用，从而减少病原微生物对猪的危害。

四、防寒保温

在猪舍的外围护结构中，失热最多的是屋顶，因此设置天棚极为重要。要求铺设在天棚上的保温材料热阻值要高，而且要达到足够的厚度并压紧压实。墙壁的失热仅次于屋顶，普通红砖墙体必须达到足够厚度，用空心砖或加气混凝土块代替普通红砖，用空心墙体或在空心墙中填充隔热材料等均能提高猪舍的防寒保温能力。有窗猪舍应设置双层窗。两道门设计可防止冷风直接进入舍内。地面失热虽较其他外围护结构少，但由于猪直接在地面上活动，因此加强地面的保温能力具有重要意义。猪舍地面多为水泥地面，但水泥地面冷而硬，因此可在睡卧区用空心砖等建造保温地面。冬季寒冷的地方，为了防寒也可增设暖气或地面供暖设施，但造价稍高。

第九章
大围子猪开发利用与品牌建设

第一节 大围子猪资源开发利用现状

一、龙头企业产业开发

湖南天府生态农业有限公司自 2010 年成立以来，一直致力于大围子猪的保种选育与产业开发，从品种资源保护、种质特性研究、地方品牌推广、屠宰加工销售等环节入手，实施生态化养殖、精细化加工、品牌化经营的生猪标准化生产，打造大围子猪完整、高附加值的生猪产业链。公司就大围子猪的产业开发，主要做了以下几方面的工作：

为进一步有效促进大围子猪保种与开发工作，公司以大围子猪产地——罗代（明初以来，由于居住在双江镇的群众主要以罗姓和戴姓为主，因此双江镇有"罗戴塅"的称谓；后又由于长沙方言和书写便利，因此又称罗代）注册的"罗代黑猪"2012 年被评为湖南省著名商标，并于 2013 年 5 月获国家地理标志产品保护。公司以纯种大围子猪和含大围子猪血缘的内二元、内三元杂种猪为猪源，开发生产冷鲜肉、腊肉、腌肉、肉丸、扣肉等适销产品，年屠宰加工大围子及其杂种猪数量不少于 10 万头，产值在 1 000 万元以上。产品自 1999 年上市以来，反应良好，呈现购销两旺的势头。另外，公司以罗代黑猪作为宣传品牌，在长沙市开设了 10 家专卖店，并对长沙市主要大型酒店进行了重点开发，现已签约星级酒店、大型餐饮店及超市等20 余家。

湖南天府生态农业有限公司与长沙艾尔丰华电子科技有限公司合作，开发了大围子猪管理系统。该系统主要利用物联网 RFID 技术，以 RFID 电子猪耳标为信息载体，并依托网络通讯、系统集成及数据库应用等技术，实现对大围子猪从系谱、配种、怀孕、饲料配制、养殖、防疫、屠宰、加工、流通，直到最终市场消费每个环节的跟踪记录和及时追溯管理。同时，结合视频监控实现对养殖、配种、分娩、员工管理、远程诊疗等进行实时监控管理。不仅如此，还可以通过该系统，实现顾客对大围子猪的"领养"，实时观看所"领养"生猪的生长情况。确保大围子猪产品质量的安全可靠，让消费者真正吃上放心、安全的大围子猪产品。

通过"公司＋合作社＋农户"的发展模式"养殖生产计划＋保底价回收"的管理模式，以及"开班授课＋临床指导＋信息化服务"的推广模式，采取农户自愿申请、三人联保、公司考察、政府监督的方式，湖南天府生态农业有限公司将母猪投放给符合养殖要求的农户散养。通过与生猪专业合作社合作，湖南天府生态农业有限公司免费向当地农户投放大围子种母猪，既能直接带动农民增收，又能更好地分散保护了大围子猪种质资源。

二、政策扶持及经费保障

长沙县每年从生猪调出大县资金中安排专项经费用于大围子猪的产业开发，共计达1 070万元。2013年，经长沙县畜牧兽医水产局积极争取，长沙市畜牧兽医水产局已将大围子猪扩繁场建设项目纳入长沙市现代养殖业重大项目，并积极协助天府公司申报长沙市国家节能减排财政政策综合示范城市奖励资金支持项目（获128万元奖励资金），长沙县委县政府也将天府公司大围子猪繁育场和销售连锁店建设纳入2013年"两帮两促"活动；2014年大围子猪被列入国家畜禽遗传资源保护品种名录；2015年大围子猪保种场通过现场审验，成为国家级畜禽遗传资源保种场。

三、广泛宣传，提高大围子猪的影响力

一是加强媒体的宣传力度。充分利用报纸、电视、网络平台造势，扩大影响。二是加强会议宣传。利用各种大型会议，向参会人员发放大围子猪宣传册，扩大宣传效应。三是加强消费宣传。省、市、县各行政事业单位利用接待工作的机会，将大围子猪品牌推荐出去。

第二节 主要产品加工工艺及营销

一、屠宰

（一）屠宰前的准备和管理

（1）要求待宰猪应来自非疫区，健康良好，并有兽医检验合格证书。

（2）注意事项。①待宰猪临宰前应停食静养 12～24 h，宰前 3 h 充分喂水。断食时，应供给足量的 1% 的食盐水，使猪进行正常的生理机能活动，调节体温，促进粪便排出，以便放血获得高质量的屠宰产品。②为了防止屠宰猪倒挂放血时胃内容物从食管流出而污染胴体，宰前 2 h 应停止供水。③屠宰前应将待宰猪喷淋干净，猪体表面不得有灰尘、污泥、粪便。猪屠宰前淋浴的水温应保证 20℃，喷淋猪体 2～3 min，以洗净体表污物。淋浴使猪有凉爽舒适的感觉，促使其外周毛细血管收缩，便于放血充分。

（3）应有经检验人员签发的宰前合格证。送宰前通过屠宰通道时，应按顺序赶送，不得用脚踢、棒打。

（二）屠宰工艺流程

包括致昏、刺杀放血、浸烫、煺毛、剥皮、开膛解体、劈半、宰后检疫、冷却排酸等工序（图 9-1）。

1. 致昏　应用物理方法（机械、电击、枪击）、化学方法（吸入二氧化碳），使猪在宰杀前较短时间内处于昏迷状态，谓之致昏，也叫击晕。击晕能避免猪宰杀时嚎叫、挣扎而消耗过多的糖原，使宰后的肉质保持较低的 pH，提高肉的储藏性。

2. 刺杀放血　从电击致昏至刺杀放血的时间不得超过 30 s。刺杀放血刀口长度约 5 cm，沥血时间不得少于 5 min。刺杀时操作人员一只手抓住猪前脚，另一只手握刀，刀尖向上，刀锋向前，对准猪的第一肋骨咽喉正中偏右 0.5～1 cm 处向心脏方向刺入，再侧刀下拖切断颈部动脉和静脉，不得刺破心脏。这种方法放血彻底，每刺杀一头猪后刀要在 82℃ 的热水中消毒一次。刺杀时不得使猪呛膈，瘀血。刺杀后采用倒悬放血，时间为 5～7 min，倒悬放血更有助于保持肉的质地与口感，如从猪体取得其活重 3.5% 的血液，则可计为放血

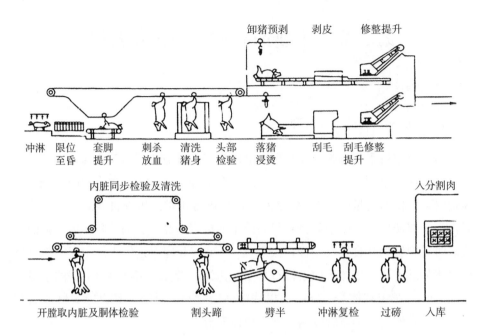

图 9-1 猪屠宰加工流程

效果良好。放血充分与否直接影响肉的品质和储藏性。

3. **浸烫、煺毛和剥皮** 放血后的猪屠体用喷淋水或清洗机冲淋，以清洗血污、粪污及其他污物，由悬空轨道上卸入烫毛池进行浸烫，使毛根周围毛囊的蛋白质受热变性收缩，以便于毛根和毛囊分离，同时表皮也出现分离达到脱毛的目的。猪体在烫毛池烫 5 min 左右，池内最初水温以 70℃为宜，随后保持在 60～66℃。不得使猪屠体沉底、烫老。浸烫池应有溢水口和补充净水的装置。

刮毛过程中刮毛机的软硬刮片与猪体相互摩擦，将毛刮去，同时向猪体喷淋 35℃的温水，刮毛 30～60 s 即可。然后再由人工将未刮净的部位，如耳根、大腿内侧的毛刮掉。刮毛后进行体表检验，合格的屠体进行燎毛、清洗、脱毛检验，从而完成非清洁区的操作。用烤炉或火喷射燎毛时温度达 1 000℃以上，时间为 10～15 s，这样可起到高温灭菌的作用。

剥皮可采用机械剥皮或人工剥皮的方式。

（1）**机械剥皮** 按剥皮机性能，预剥一面或两面，确定预剥面积。剥皮操作程序是：

①挑腹皮　从颈部起沿腹部正中线切开皮层至肛门处。

②剥前腿　挑开前腿腿裆皮，剥至脖头骨脑顶处。

③剥后腿　挑开后腿腿裆皮，剥至肛门两侧。

④剥臀皮　先从后臀部皮层尖端处割开一小块皮，用手拉紧，按顺序下刀，再将两侧臀部皮和尾根皮剥下。

⑤剥腹皮　左右两侧分别剥。剥右侧时，一手拉紧、拉平后裆肚皮，按顺序剥下后腿皮、腹皮和前腿皮；剥左侧时，一手拉紧脖头皮，按顺序剥下脖头皮、前腿皮、腹皮和后腿皮。

⑥夹皮　将预剥开的大面猪皮拉平、绷紧，放入剥皮机卡口、夹紧。

⑦开剥　水冲淋与剥皮同步进行，按皮层厚度掌握进刀深度，不得划破皮面，少带肥膘。

（2）人工剥皮　将屠体放在操作台上，按顺序挑腹皮、剥臀皮、剥腹皮、剥脊背皮。剥皮时不得划破皮面，少带肥膘。

4. 开膛解体　剖腹目的是取内脏。煺毛剥皮后开膛最迟不超过 30 min，否则对脏器和肌肉质量均有影响。

5. 劈半　开膛后，将胴体劈成两半称为劈半。先将经检验合格的猪胴体去头、尾，然后进行劈半。劈半可采用手工劈半或电锯劈半。手工劈半或手工电锯劈半时应"描脊"，使骨节对开，劈半均匀。采用桥式电锯劈半时，应使轨道、锯片、引进槽成直线，不得锯偏。劈半后的片猪肉还应立即摘除肾脏，撕断腹腔板油，冲洗血污。

6. 宰后检疫　猪屠宰后应立即在适宜的光照条件下进行检疫，头、蹄、内脏和胴体实行同步检疫，必要时进行实验室检验。

（1）头部检疫　视检皮肤、唇和口腔黏膜。

（2）内脏检疫

①胃肠检查　视检胃肠浆膜，剖检肠系淋巴结，检查食道。必要时剖检胃肠黏膜。

②脾脏检查　视检脾脏外表、色泽、大小，触检被膜和实质弹性。必要时剖检脾髓。

③肝脏检查　视检肝脏外表、色泽、大小，触检被膜和实质弹性，剖检肝门淋巴结。必要时剖检肝实质和胆囊。

④肺脏检查　视检肺脏外表、色泽、大小，触检弹性，剖检支气管淋巴结

和纵隔后淋巴结。必要时剖检肺实质。

⑤心脏检查　视检心包及心外膜，并确定肌僵程度。剖开心室视检心肌、心内膜及血液凝固状态。

⑥肾脏检查　剥离肾包膜，视检肾脏外表、色泽、大小，触检弹性。必要时纵向剖检肾实质。

⑦乳房检查　触检弹性，剖检乳房淋巴结。必要时剖检乳房实质。

进行以上检查时，必要情况下，可剖检子宫、睾丸及膀胱。

（3）胴体检疫

①判定放血程度　这是胴体检疫的第一步。

②视检　包括皮肤、皮下组织、脂肪、肌肉、胸腔、腹腔、关节、筋腱、骨及骨髓。

③淋巴结检查　包括猪剖检颈浅（肩前）淋巴结、髂下（膝上）淋巴结。必要时增检颈深淋巴结和腘淋巴结。

④寄生虫检验　猪主要检查囊尾蚴，主要检查部位为膈肌，其他可检部位是心肌、肩胛外侧肌和股内侧肌。

⑤复检　通过对修整后的片猪肉进行复检，作出综合判断和处理意见，经检疫合格后加盖检验印章，并签发检疫合格证明。

7. 冷却排酸　肉类排酸是现代肉品学及营养学所提倡的一种肉类后成熟工艺（肉的后熟），具体是指经过兽医严格检疫，证实健康无病的活猪在国家批准的屠宰场内进行屠宰后，将肉很快冷却下来，然后进行分割、剔骨、包装，并始终在低温下进行加工、储存、运输和销售，一直到达用户的冷藏箱或厨房内。冷却排酸过程中，温度应始终保持在 $-2\sim4℃$。因为在低温下经过 $12\sim24\,h$ 的冷却，肉完成了"成熟过程"（亦称排酸过程）。肉的成熟过程是指牲畜被屠宰后，在低温环境中，肉中的淀粉将肉中的糖（动物淀粉和葡萄糖）变为乳酸的过程（乳酸可嫩化肉的结缔组织），这种完成成熟过程的肉被称为"冷却排酸肉"。早在 20 世纪 60 年代，发达国家就已开始了排酸肉的研究与推广，如今排酸肉在发达国家几乎达到了 100% 的市场占有率。

与热鲜肉相比，排酸肉中大多数微生物的生长繁殖受到了抑制，肉毒梭菌和金黄色葡萄球菌等不再分泌毒素，肉中的酶发生作用，将部分蛋白质分解成氨基酸，同时排空血液及占体重 18%～20% 的体液，从而减少了有害物质的含量，确保了肉类的安全卫生。与冷冻肉相比，排酸肉由于经历了较为充分的解僵过程，因此肉质柔软有弹性、好熟易烂、口感细腻、味道鲜美、营养价值较高。

二、宰后分割贮藏

（一）分割

我国猪肉分割方法，通常将半胴体分为肩、背、腹、臀、腿五大部分。

1. 肩颈部　俗称前槽、夹心、前臂肩，前端从第 1 颈椎、后端从第 4～5 胸椎或第 5～6 根肋骨，与背线成直角切断。

2. 臀腿部　俗称后腿、后丘、后臂肩，是从最后腰椎与荐椎结合部和背线成直角垂直切断，下端则可根据不同用途进行分割。

3. 背腰部　俗称外脊、大排、硬肋、横排，是去掉肩颈部和臀腿部，余下的中段肉体从脊椎骨下 4～6 cm 处平行切开，上部即为背腰部。

4. 肋腹部　俗称软肋、五花，与背腰部分离，切去奶脯即可。

5. 前臂和小腿部　俗称肘子、蹄膀，前臂上从肘关节下从腕关节切断，小腿上从膝关节下从跗关节切断。

（二）贮藏

屠宰后的胴体迅速进行冷却处理后，使胴体温度在 24 h 内降为 0～4℃，并在后续的加工、流通和零售过程中始终保持在 0～4℃范围内的鲜肉为冷却肉。与热鲜肉和冷冻肉相比，冷却肉具有安全、卫生、滋味鲜美、口感细腻、营养价值高等优点。

三、猪肉分类及产品质量要求

（一）分类

猪肉可以分为冷却（鲜肉）类和冷冻类、酱卤类和腌腊类。

（二）各类肉品感官要求与试验方法

1. 冷却类和冷冻类感官要求与试验方法　见表 9 - 1。

表9-1　冷却类和冷冻类感官要求与试验方法

项　目	要　求		试验方法
	冷却类	冷冻类	
色泽	肌肉有光泽，红色均匀，脂肪呈乳白色	肌肉有光泽，红色或稍暗，脂肪呈白色	目测
气味	具有鲜猪肉固有的气味，无异味	解冻后具有鲜猪肉固有的气味，无异味	鼻嗅
组织状态	纤维清晰，有坚韧性，指压后凹陷处立即恢复	肉质紧密，有坚韧性，解冻后指压凹陷处恢复较慢	目测与手感
黏度	外表湿润，不粘手	外表湿润，切面有渗出液，不粘手	目测与手感
煮沸后肉汤	澄清透明，脂肪团聚于表面	澄清透明或稍有浑浊，脂肪团聚于表面	口感品评

2. 酱卤类和腌腊类感官要求与试验方法　见表9-2。

表9-2　酱卤类和腌腊类感官要求与试验方法

项　目	要　求		试验方法
	酱卤类	腌腊类	
外观	外形整齐，无异物，产品大小均匀，无破损	条块整齐、周正，肉身干爽，无霉斑、无黏液	目测
色泽	酱制品表面为酱色或褐色，卤制品为该品种应有的正常色泽	具有土猪肉制品应有的光泽，切面肌肉呈红色或暗红色，脂肪呈白色	目测
组织结构与形态	组织致密，有弹性	切面光滑，肌肉坚实，有弹性	目测
口感风味	咸淡适中，具有酱卤制品特有的风味，无异味、无酸败味	美味可口，无油涩味、无异味、无酸败味，有腊肉特有的香气	鼻嗅与口感品评
杂质	无肉眼可见外来杂质		目测

（三）理化要求与试验方法

1. 冷却类和冷冻类理化要求与试验方法　见表9-3。

表 9-3　冷却类和冷冻类理化要求与试验方法

项　目	指　标		试验方法
	冷却类	冷冻类	
挥发性盐基氮（mg/100 g）	≤15	≤15	《食品安全国家标准　食品中氯化物的测定》（GB 5009.44—2016）
汞（以 Hg 计，mg/kg）	≤0.05	≤0.05	《食品安全国家标准　食品中总汞及有机汞的测定》（GB 5009.17—2014）

2. 酱卤类和腌腊类理化要求与试验方法　见表 9-4。

表 9-4　酱卤类和腌腊类理化要求与试验方法

项　目	指　标		试验方法
	酱卤类	腌腊类	
水分（%）	≤65	≤25	《食品安全国家标准　食品中水分的测定》（GB 5009.3—2010）
蛋白质（%）	≥20		《食品安全国家标准　食品中蛋白质的测定》（GB 5009.5—2010）
食盐（以 NaCl 计,%）	≤4	≤9	《食品安全国家标准　食品中氯化物的测定》（GB 5009.44—2016）
总酸（以乳酸计,%）		≤1.3	《食品中总酸的测定》（GB/T 12456—2008）
酸价（以 KOH 计，mg/g 脂肪）		≤4	取脂肪炸油后
过氧化值（mmol/kg 脂肪）		≤0.5	《食用植物油卫生标准的分析方法》（GB/T 5009.37—2003）
亚硝酸盐（以 $NaNO_2$ 计，mg/kg）	≤30	≤30	《食品中亚硝酸盐和硝酸盐的测定》（GB/T 5009.33—2008）
苯并（a）芘（μg/kg）		≤2.5	《食品中苯并（a）芘的测定》（GB/T 5009.27—2003）
铅（以 Pb 计，mg/kg）	≤0.5	≤0.2	《食品中铅的测定》（GB/T 5009.12—2003）
无机砷（以 As 计，mg/kg）	≤0.05	≤0.05	《食品安全国家标准　食品中总砷及无机砷的测定》（GB 5009.11—2014）

（续）

项 目	指标		试验方法
	酱卤类	腌腊类	
镉（Cd，g/kg）	≤0.1	≤0.1	《食品中镉的测定》（GB/T 5009.15—2003）
总汞（mg/kg）	≤0.03	≤0.03	《食品安全国家标准 食品中总汞及有机汞的测定》（GB 5009.17—2014）
山梨酸（g/kg）	≤0.075		《食品中山梨酸、苯甲酸的测定》（GB/T 5009.29—2003）
苯甲酸（g/kg）	不得检出	不得检出	《食品中山梨酸、苯甲酸的测定》（GB/T 5009.29—2003）
黄曲霉毒素 B_1（μg/kg）	≤5	≤5	《食品中黄曲霉毒素 B_1 的测定》（GB/T 5009.22—2003）

（四）微生物指标与试验方法

1. 冷却类和冷冻类微生物指标与试验方法　见表 9-5。

表 9-5　冷却类和冷冻类微生物指标与试验方法

项 目	冷却肉	冷冻肉	试验方法
细菌总数（CFU/g）	≤1×10⁶	≤1×10⁵	《食品安全国家标准 食品微生物学检验 菌落总数测定》（GB 4789.2—2016）
大肠菌群数（MPN/100 g）	≤1×10⁴	≤1×10⁴	《食品安全国家标准 食品微生物学检验 大肠菌群计数》（GB 4789.3—2016）
沙门氏菌	不得检出	不得检出	《食品安全国家标准 食品微生物学检验 沙门氏菌检验》（GB 4789.4—2016）
志贺氏菌	不得检出	不得检出	《食品安全国家标准 食品微生物学检验 志贺氏菌检验》（GB 4789.5—2012）
金黄色葡萄球菌	不得检出	不得检出	《食品安全国家标准 食品微生物学检验 金黄色葡萄球菌检验》（GB 4789.10—2016）

2. 酱卤类和腌腊类微生物指标与试验方法　见表 9-6。

表 9 - 6　酱卤类和腌腊类微生物指标与试验方法

项　　目	指标	试验方法
细菌总数（CFU/g）	≤700004	《食品安全国家标准　食品微生物学检验　菌落总数测定》（GB 4789.2—2016）
大肠菌群（MPN/100 g）	≤150	《食品安全国家标准　食品微生物学检验　大肠菌群计数》（GB 4789.3—2016）
致病菌	不得检出	《食品卫生微生物学检验　肉与肉制品检验》（GB/T 4789.17—2003）

注：致病菌指肠道致病菌及致病性球菌。

第三节　大围子猪开发利用前景

大围子猪具有产仔数多、肉品质好、抗病力强等特点，其保种与开发工作起步相对较晚，今后的发展方向主要有以下几点。

第一，加大与湖南省畜牧兽医研究所、湖南农业大学等科研机构的合作，进一步开展大围子猪遗传标记、种质特性等方面的深入研究，确保系谱清晰、种群纯正，把大围子猪核心保种群扩大到 1 500～2 000 头。

第二，经济杂交利用　大围子猪具有繁殖力高、肉质好、耐粗饲、适应性强的优点，而外种猪则具有生长快、饲料转化能力强、瘦肉率高的优点。杂交能充分利用大围子猪与外种猪的遗传差异，获取明显的杂交优势和性状互补效应，使杂优猪既保持大围子猪的优良特点，又兼具外种猪的优势，从而达到高产、优质、高效、低耗的养猪生产目标。

第三，培育新品种（系）　利用现代育种技术，采用育成杂交法，通过多代选择，将优良性状加以固定，以培育出适应市场需求、生产水平较高、抗病性较强、适合我国国情的新品种（或品系）猪，降低对国外引进品种的依赖程度，满足人们对畜产品多样化、优质化、特色化的需求。

第四，利用大围子猪肉质好、肌纤维细、肌内脂肪含量较高、肌肉嫩而多汁的特点，开发具有特色的系列产品，实施产业化开发，满足多样化的市场需求。同时加大科技投入，开发高端产品，对加工技术进行改进与创新，进行深度开发和系列开发，生产出适合市场需求的高端产品，如冷鲜肉、罐藏制品、火腿制品等系列产品，开发高端消费市场，提高产品的科技附加值和经济效益。

　　第五，建设营销渠道　对大围子猪产业及其品牌产品进行营销策划和包装；同时，重点抓好五个流通渠道的建设：一是高标准建设生猪交易市场；二是规范扩大"大围子猪"产品品牌连锁专卖；三是借助生猪电子交易市场平台，进行大围子猪活体交易；四是利用旅游沿线景点，作为特色产品进行销售；五是建设大围子猪专业网站，通过网上进行推介和交易。

参 考 文 献

陈宇光，2011. 生猪生态养殖技术［M］. 长沙：湖南大学出版社.

崔清明，2017. 猪 Sirt2 和 Sirt3 基因表达及 SNPs 检测与肉质性状的关联分析［D］. 长沙：
湖南农业大学.

郭立群，王庆泽，2015. 规模化猪场疫病净化设施设备要求［J］. 养殖与饲料（4）：
37 - 38.

国家畜禽遗传资源委员会，2011. 中国畜禽遗传资源志·猪志［M］. 北京：中国农业出
版社.

国家畜禽遗传资源委员会，2015. 中国畜禽遗传资源志·地方品种图册［M］. 北京：中国
农业出版社.

胡炯，何楚雄，陈利群，等，2008. 大围子猪资源与种质研究［J］. 湖南畜牧兽医（2）：
6 - 10.

胡雄贵，何楚雄，饶树林，等，2012. 湖南地方猪——大围子猪种质资源特性调查与研究
［J］. 养猪（3）：65 - 68.

湖南省畜禽品种志和品种图谱编委会，1984. 湖南省畜禽品种志和品种图谱［M］. 长沙：
湖南科学技术出版社.

康顺之，邹福灵，1983. 大围子猪生殖腺发育的组织学观察［J］. 中国畜牧杂志（1）：
30 - 33.

李正双，2003. 大围子猪不同杂交组合性能比较试验［J］. 湖南畜牧兽医（2）：8 - 10.

刘峰，2005. HDAC1 基因、PIT1 基因与猪部分经济性状相关性研究［D］. 长沙：湖南农
业大学.

刘玉昌，2016. 育肥猪饲养管理技术［J］. 山东畜牧兽医，37（2）：13 - 14.

柳嘉毅，2012. 浅谈长沙大围子猪种质的资源保护与开发利用［J］. 湖南畜牧兽医（2）：
5 - 8.

马海明，柳小春，施启顺，等，2005. 湖南地方品种猪肌细胞生成素基因多态性研究［J］.
家畜生态学报（4）：8 - 10.

彭孟德，候德兴，尹镇华，1984. 大围子猪长白猪及其杂种猪的血清蛋白电泳分析［J］.
湖南农学院学报（3）：90 - 92.

彭孟德，尹镇华，1980. 宁乡猪、大围子猪血清蛋白质薄膜电泳分析初报 [J]. 湖南农学院学报 (2)：59-62.

彭英林，柳小春，施启顺，等，2009. 钙蛋白酶抑制蛋白（CAST）基因型与营养水平互作对猪胴体性状的影响 [J]. 农业生物技术学报，17 (5)：767-772.

彭英林，柳小春，施启顺，等，2009. 基因型与营养互作对猪生长性能的影响 [J]. 湖南农业科学 (8)：133-135，138.

任慧波，张星，罗璇，等，2015. 大围子猪种质资源保护与开发利用现状 [J]. 猪业科学，32 (11)：124-126.

王林云，2011. 中国地方名猪研究集锦 [M]. 北京：中国农业大学出版社.

王燕，刑晓为，薛立群，等，2009. 湖南大围子猪 SLA-DR 基因克隆及其生物信息学分析 [J]. 细胞与分子免疫学杂志，25 (9)：770-773.

夏华强，2004. HSL 基因外显子 I 多态性及 MC4R 基因与猪经济性状相关性研究 [D]. 长沙：湖南农业大学.

刑晓为，薛立群，莫朝辉，等，2006. 湖南大围子猪内源性逆转录病毒的研究 [J]. 中南大学学报（医学版），31 (6)：838-842.

许振英，1989. 中国地方猪种种质研究 [M]. 杭州：浙江科学技术出版社.

杨小保，赵瑶，樊英莉，2008. 浅谈荣昌猪遗传资源保护 [J]. 河南畜牧兽医，29 (11)：16-18.

尹镇华，彭孟德，1980. 湖南省地方良种猪血型研究：宁乡猪、大围子猪血型分类初步研究 [J]. 湖南农学院学报 (3)：79-88.

张军辉，倪俊卿，王贵江，等，2014. 种猪场场内生产性能测定技术规程 [S]. 河北：河北省质量技术监督局.

张全生，2010. 现代规模养猪 [M]. 北京：中国农业出版社.

赵生明，2010. 母猪围产期的饲养管理 [J]. 农技服务，27 (1)：71-72.

中华人民共和国农业部，2004. 瘦肉型猪胴体性状测定技术规范：NY/T 825—2004 [S]. 北京：中国农业出版社.

中华人民共和国农业部，2004. 猪肌肉品质测定技术规范：NY/T 821—2004 [S]. 北京：中国农业出版社.

朱吉，任慧波，刘奇，等，2013. 罗代黑猪胴体品质及肉质特性研究 [J]. 养猪 (5)：44-45.

彩图1　大围子猪公猪

彩图2　大围子猪母猪

彩图3　大围子猪哺乳母猪

彩图4　大围子猪仔猪

彩图5　大围子猪后备猪群

彩图6　生态放养的大围子猪

彩图7　大围子猪屠宰胴体

彩图8　大围子猪屠宰胴体评价

A

B

彩图9　湖南省畜牧兽医研究所杨仕柳研究员等相关专家进行大围子猪现场屠宰测定（A和B）

彩图10　彭英林研究员现场采样

彩图11 彭英林研究员团队现场屠宰测定

彩图12 湖南省农业农村厅党组书记、厅长袁延文同志现场调研

彩图13 长沙市市长胡忠雄调研大围子猪保种

彩图14 长沙县县委书记沈裕谋调研大围子猪保种

彩图15 全国畜牧总站牧业处杨红杰处长来大围子猪保种场调研

彩图16 国家畜禽遗传资源委员会猪专业委员会原主任王爱国教授到场调研

彩图17 罗代黑猪加工产品展示

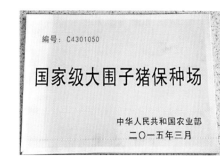

彩图18　国家级大围子猪保种场　　　彩图19　国家地理标志产品证明

彩图20　长沙市十大区域公用品牌　　　彩图21　无公害
农产品认证证书

彩图22　企业获奖证书（A、B、C和D）